Reinhard Hoffmann

Energetisch richtig Heizung modernisieren im Altbau

Reinhard Hoffmann

Energetisch richtig
Heizung modernisieren im Altbau

Mit 130 Abbildungen

Bibliografische Information der Deutschen Bibliothek

Die Deutsche Bibliothek verzeichnet diese Publikation in der Deutschen Nationalbibliografie;
detaillierte Daten sind im Internet über http://dnb.ddb.de abrufbar.

© 2010 Franzis Verlag GmbH, 85586 Poing

Satz: DTP-Satz A. Kugge, München
art & design: www.ideehoch2.de
Druck: Stürtz GmbH, 97017 Würzburg
Printed in Germany

ISBN 978-3-645-65001-4

Vorwort

Die schwindenden Erdöl- und Gasvorkommen und der damit verbundene Preisanstieg machen die konventionellen Öl- und Gasheizungen zu Auslaufmodellen. Auch aus Sicht des Umwelt- und Klimaschutzes drängen sich erneuerbare Energieträger geradezu auf. Es ist technisch kein Problem, allein mit erneuerbaren Energien zu heizen.

Dieses Buch verschafft Ihnen einen Überblick über die marktreifen, zukunftsfähigen Heizsysteme, es beschreibt die unterschiedlichen Techniken und vergleicht deren Wirtschaftlichkeit – auch mit konventionellen Öl- oder Gasheizungen. So kommen Sie zu einer fundierten Entscheidung, wenn eine Heizungsmodernisierung oder die Anschaffung einer neuen Heizanlage für Ihr Haus ansteht.

Sie finden hier außerdem interessante neue Konzepte für die Regelung von Zentralheizungsanlagen und das Einbinden von Solaranlagen in das Heizsystem. Ein weiteres Kapitel behandelt die Themen Lüftung und Kühlung.

Ich wünsche Ihnen viel Erfolg beim Planen und Installieren der neuen Heiztechnik.

Reinhard Hoffmann

Inhalt

1 Wirtschaftlichkeit, Umweltschutz und Komfort

1.1 Versorgungssicherheit

In Deutschland ist der Energieverbrauch für Gebäude deutlich höher als der für den Verkehr: 41 % der Primärenergie werden für Gebäude aufgewendet, 28 % für den gesamten Verkehr. Von der für Gebäude verbrauchten Energie werden rund 80 % verheizt und diese Heizenergie liefern überwiegend klimaschädliche und begrenzte fossile Energieträger.

Erdöl

Als der Ölkonzern Shell im Jahr 2004 seine Ölvorräte neu bewertete, musste er die bis dahin bekannten Zahlen um 20 % nach unten korrigieren. Auch andere Betreiber von Ölfeldern kämpfen mit immer schlechter werdenden Förderbedingungen: Schon heute nehmen in 580 der 800 größten Ölfeldern der Welt die Fördermengen stetig ab.

Abb. 1.1: Es wird immer aufwendiger und teurer, das stetig knapper werdende Erdöl zu fördern. Sobald irgendwo ein Hurrikan im Anzug ist, schnellt der Ölpreis in die Höhe, da mit Produktionsausfällen gerechnet wird. (Foto: E.ON)

Die Internationale Energie Agentur (IEA) rechnet damit, dass die weltweiten Ölreserven derzeit jedes Jahr um 6,7 % sinken. Gleichzeitig schätzt sie, dass im Jahr 2030 die Nachfrage um 37 % höher sein wird als 2006, dem Jahr, in dem die Ölförderung vermutlich ihren Höhepunkt überschritten hat und nicht mehr steigerbar ist. Eine Analyse der *Energy Watch Group* aus dem Jahr 2007 ist zu dem Ergebnis gekommen, dass die Ölförderung sehr schnell zurückgehen wird und etwa bis zum Jahr 2030 nur noch die Hälfte des heutigen Werts erreichen wird (weitere Informationen finden Sie auf den Internetportalen *www.energywatchgroup.org* und *www. aspo-deutschland.org*).

Bei Shell sank die Ölförderung in den letzten fünf Jahren um ein Fünftel, obwohl sich die Kosten für die Ölsuche und Erschließung gleichzeitig vervierfacht haben. Schon das muss zu massiven Preissteigerungen führen. Aber es wird noch schlimmer kommen, da gleichzeitig die Nachfrage steigt. Besonders China und Indien treiben als Großverbraucher die Weltmarktpreise in die Höhe.

Deshalb schaufeln seit 2003 riesige Maschinen in der kanadischen Provinz Alberta tonnenweise öligen Sand aus der Erde. Sie verwandeln dabei das Gebiet in eine bizarre Mondlandschaft. Ölsand ist eine Mischung aus Bitumen, Rohöl, Sand, Wasser und Lehm. Aus einer Tonne Ölsand können etwa 80 l Öl gewonnen werden. Dass mit diesem hohen Aufwand unterm Strich nennenswerte Energiemengen gewonnen werden können, erscheint zweifelhaft.

Wahrscheinlich wird Öl als Wärmeerzeuger schon bald nicht mehr bezahlbar sein, da es für die Herstellung von Kunststoffen zwingend benötigt wird und die heutigen Kraftstoffe nicht so schnell vollständig zu ersetzen sind. Aber niemand braucht Öl, um ein Haus zu heizen, da es genug Alternativen gibt.

Info

Die Internationale Energie Agentur (IEA) ist eine Interessenvertretung der Regierungen der 28 Hauptverbraucherländer. Zur Energy Watch Group haben sich Wissenschaftler und Parlamentarier zusammengeschlossen, die sich mit Energiefragen befassen. Sie wird durch private Spenden und aus Zuwendungen von Firmen an die Ludwig-Bölkow-Stiftung finanziert. Dadurch soll die Gruppe möglichst unabhängig bleiben. Viele der Beteiligten arbeiten ehrenamtlich, aber die wissenschaftliche Arbeit muss bezahlt werden.

Gas

Da der Gaspreis an den Ölpreis gekoppelt ist, sieht die Situation hier auch nicht viel besser aus als beim Öl. Ein weiterer Nachteil ist die größere Abhängigkeit vom Lieferanten, weil die Verteilung leitungsgebunden ist. Außerdem kann die Verfügbarkeit von Gas trotz weiterreichender Vorräte kaum zunehmen, da schon heute bei Fahrzeugen zunehmend Gas genutzt wird. Natürlich könnte Biogas das Erdgas in den Leitungen ersetzen: Aber die Biogasnutzung ist bis auf die Initiative Einzelner in den letzten 20 Jahren verschlafen worden.

Kohle

Die Kohle ist mit einem Anteil von 37 % weltweit der wichtigste Rohstoff bei der Stromerzeugung. Dementsprechend hat die steigende Nachfrage der letzten Jahre dazu geführt, dass die Kohlendioxid-Emissionen weiter angestiegen sind und die Kohlepreise sich vervielfacht haben. In China sind so hohe Kohlehalden aufgetürmt worden, dass sich durch den hohen Druck unten im Innern unlöschbare Brände entwickelt haben. Ebenso trägt eine Vielzahl unlöschbarer Brände in Kohlegruben in China und den USA zur Steigerung des CO_2-Gehalts der Atmosphäre bei. Die wirtschaftlich nutzbaren Kohlemengen gehen dagegen rapide zurück. An vielen Orten nimmt die Qualität der geförderten Kohle zunehmend ab. Die Anwohner sind von den massiven Eingriffen des Kohleabbaus in die Landschaft betroffen. Ganze Landstriche entlang der rheinischen Steinkohlereviere haben sich so weit abgesenkt, dass sie unter dem Grundwasserspiegel liegen und nur durch dauerndes Pumpen trockengehalten werden können. Z. B. hat sich ganz Essen in den letzten 100 Jahren um bis zu 20 m abgesenkt. Betroffen sind mehr als die Hälfte des Ruhrgebiets und große Gebiete des Niederrheins. Jährlich wird eine Menge gepumpt, die dem Wasserverbrauch aller privaten Haushalte in Nordrhein-Westfalen entspricht.

Was die Kohlereserven angeht, sind viele Zahlen veraltet. Im Jahr 2004 hat das zuständige Bundesamt für Geowissenschaften und Rohstoffe die deutschen Steinkohlereserven um 99 % nach unten korrigieren müssen. Dadurch sind die Deutschen bei der Kohle von den wenigen Exportländern extrem abhängig. Rund 85 % der verbleibenden Reserven konzentrieren sich nach Einschätzung der *Energy Watch Group* auf die Länder Australien, China, Indien, Russland, Südafrika und USA.

Randnotiz

Immer wieder werben Hersteller von Stromheizungen in Anzeigen oder Postwurfsendungen für die angebliche Energieeffizienz ihrer Heizgeräte. Sie werben mit extremen Einsparungen oder vermeintlich sauberer Technik ohne Ruß und Rauch.

Die Tatsachen sehen anders aus:

- Eine Kilowattstunde Energie kostet mit Öl oder Gas etwa 7 Cent, mit Holzpellets durchschnittlich 4 Cent. Dagegen kostet Strom zum Normaltarif etwa 20 Cent pro Kilowattstunde und ist damit die bei Weitem teuerste Energie.

- Eine Elektroheizung verursacht auf dem Grundstück des Betreibers zwar keine Abgase. Aber schließlich wird heute der Strom immer noch überwiegend in ineffizienten Großkraftwerken produziert, die die Umwelt stark belasten. Zum Abdecken der Spitzenlast werden im Winter auch veraltete Kraftwerke mit erhöhtem Schadstoffausstoß betrieben.

Alternative Energieträger

Wenn Ihre alte Heizung ausgedient hat, sind Sie deshalb gut beraten, schon jetzt wesentlich effizientere Heiztechnik einzusetzen und möglichst auf erneuerbare Energieträger umzusteigen, die sich in der Praxis bereits bewährt haben. Wer sich heute eine neue Ölheizung kauft, wird vielleicht in zehn Jahren das Heizöl kaum noch bezahlen können und dadurch auch nicht mehr genug Geld zur Verfügung haben, um in Alternativen investieren zu können. Wenn Sie Ihre Heizung modernisieren wollen, sind bei der Wahl des Energieträgers und des Heizsystems folgende Faktoren besonders wichtig:

- Wärmebedarf des Gebäudes
- Anschaffungspreis
- Betriebskosten
- Platzbedarf für Lagerräume und Zusatzgeräte
- Ihre Vorstellungen von Wohnkomfort
- Ihre Einschätzung, inwieweit Sie für den Klimawandel mitverantwortlich sind

1.2   Bestandsaufnahme, Heizungscheck

Der Bundesverband des Schornsteinfegerhandwerks gibt an, dass in Deutschland rund 1,5 Millionen Öl- und Gasheizungen in Betrieb sind, die älter als 23 Jahre sind und ausgemustert werden sollten, da sie übermäßig viel verbrauchen. Hier sind die wichtigsten Kriterien dafür, dass ein Austausch des Heizkessels ansteht:

Checkliste Heizkessel

Kriterium	Empfehlung
Ist der Abgasverlust (Schornsteinfegerprotokoll) zu hoch?	Wenn der Wert über 11 % liegt, ist eine Wartung oder ein Austausch fällig.
Ist die Abgastemperatur zu hoch?	Bei einem Wert über 200 °C ist eine Inspektion erforderlich oder ein Austausch angeraten.
Ist die Raumtemperatur am Aufstellungsort (Heizungskeller) zu hoch?	Bei Raumtemperaturen über 22 °C sind die Energieverluste zu hoch. Wenn die Rohrleitungen und Armaturen ausreichend gedämmt sind, macht sich eine Kesselerneuerung schnell bezahlt.
Wie alt sieht der Kessel aus?	Wenn Korrosion oder andere optische Mängel deutlich sichtbar sind, ist der Kessel besser früher durch einen neuen zu ersetzen.
Ist die Kesselleistung angemessen?	Bei energetisch sanierten Gebäuden liegt der Quotient aus Kesselleistung in kW und Wohnfläche zwischen 0,03 und 0,07 kW/m², das entspricht 30 bis 70 W/m². Überdimensionierte Kessel vergeuden Heizenergie.
Ist der Kessel überaltert?	Über 20 Jahre alte Kessel sind Energieschleudern und müssen ersetzt werden.
Ist die Kesseltemperatur konstant?	Konstante Kesseltemperaturen sind nicht mehr zeitgemäß (Bereitschaftsverluste zu hoch).

Nach dem Begutachten des Kessels sind noch die Pumpen, die Rohrleitungen, die Heizkörper, die Regelung und der Kamin zu inspizieren, um eine solide Basis für die weitere Planung zu haben.

Umwälzpumpen

Auf dem Typenschild jeder Pumpe ist ihre Leistung abzulesen. Alte Pumpen sind meist ungeregelt und überdimensioniert. Sie sollten gegen moderne, geregelte Pumpen der besten Effizienzklasse A getauscht werden. Durch geringeren Stromverbrauch lohnt und amortisiert sich der Austausch innerhalb weniger Jahre.

Bei langen Heizsträngen oder Problemen im Rohrsystem ist zu überlegen, ob nicht durch neuartige, kleine, dezentrale Pumpen an den betreffenden Heizkörpern die Heizsituation deutlich verbessert werden kann.

Rohre

Aus welchem Material bestehen die Rohrleitungen und wie verlaufen sie? Sind sie auch ausreichend gedämmt? Wenn die Heizung im Keller steht, lässt sich die Verteilung im Regelfall anhand offen verlegter Leitungen leicht verfolgen und im Kellergrundriss festhalten. Bei Systemen mit oberer oder Stockwerksverteilung ist es unter Umständen schwieriger, die Leitungsführung zu ermitteln. Es gibt ältere Anlagen, die ein offenes Ausdehnungsgefäß an der höchsten Stelle haben – meist auf dem Dachboden. Bei diesen werden alle Steigestränge und oft auch der Kesselstrang zur Entlüftung zu diesem Behälter geführt. Heute sind geschlossene Anlagen üblich, bei denen es praktisch keinen Wasserverlust und selten Korrosionsprobleme gibt.

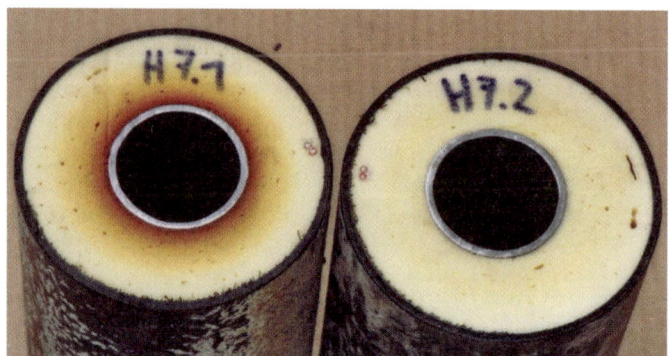

Abb. 1.2: Ein Fernwärmerohr mit einer Dämmung aus Polyurethan-Schaumstoff nach 16 Jahren im Einsatz: Beim heißen Vorlaufrohr (links) zeigt sich die erste Verfärbung. Im Lauf der Zeit gelangen Sauerstoff und Stickstoff aus der Luft in die Schaumstoffblasen, gleichzeitig entweicht Kohlendioxid. Dadurch verschlechtern sich die Dämmeigenschaften. (Foto: GEF-Ing. Gesellschaft für Energietechnik und Fernwärme Chemnitz mbH)

Die Steigestränge sind bei vielen älteren Gebäuden unzureichend gedämmt in den Außenwänden unter Putz verlegt. Das lässt sich durch eine Thermografie oder das Öffnen der Wand feststellen, manchmal reicht schon eine Fühlprobe mit der Hand. Im Normalfall ist die Wärmedämmung älterer Rohrleitungen dringend verbesserungsbedürftig. Weisen Armaturen wie Absperrhähne Korrosion und Wasserspuren auf, sollte ein Austausch erwogen werden.

Heizflächen

Wenn die Heizkörper weiter verwendet werden sollen, werden sie zweckmäßigerweise raumweise in einen Heizungsplan eingetragen. Dieser enthält Art, Höhe, Breite und Tiefe der Heizkörper, die Anzahl ihrer Glieder oder Platten und die Konvektionsbleche. Es gibt Tabellen nach DIN 4703 T1, die die Normwärmeleistung je laufendem Meter in Watt pro Meter ausweisen.

Bei alten Fußbodenheizungen ist es wichtig zu wissen, aus welchem Material die Rohrleitungen bestehen und ob eine Systemtrennung zwischen normalem Heizkreis und Fußbodenheizkreis besteht.

Regelung

Die Heizleistung wird über die Kessel- oder die Heizwassertemperatur (Vorlauf) gesteuert. Bis in die 90er-Jahre wurden viele Heizungsanlagen mit 3- oder 4-Wege-Mischern und einer Regelung ausgerüstet, die dafür sorgte, dass die Wassertemperatur im Kesselkreis nicht unter 50 °C sinkt. Das sollte Kessel älterer Bauart vor innerer Korrosion schützen und ist wegen der damit verbundenen hohen Energieverluste nicht mehr zeitgemäß.

In größeren Häusern wurden früher öfter mehrere Heizkreise mit Mischer und Pumpe für jeden Kreis installiert. Da das bei gut gedämmtem Gebäude mit funktionierenden Thermostatventilen und hydraulischem Abgleich nicht notwendig ist, sollte man die Anzahl der Heizkreise im Rahmen der Sanierung ändern. Mehrere Heizkreise mit eigener Pumpe und eigenem Wärmemengenzähler sind jedoch dann sinnvoll, wenn mehrere Wohnungen im Haus versorgt werden und Konflikte bei der Abrechnung vermieden werden sollen.

Kamin

Sehen Sie sich bei der Bestandsaufnahme auch Art und Größe des Kamins und die Revisionsöffnungen an Sohle und Mündung an. Sind weitere Kamine im Gebäude vorhanden, untersuchen Sie auch diese und dokumentieren Sie alles. Sie können sie später vielleicht für weitere Feuerstätten oder als Lüftungsschacht nutzen. Wenn Sie mit dem zuständigen Bezirksschornsteinfegermeister über Ihre Sanierungspläne sprechen, erleichtert das später die Abnahme.

Folgende Liste unterstützt Sie beim Entscheiden darüber, welche Veränderungen Sie an der alten Heizungsanlage vornehmen wollen:

Checkliste Heizung

Punkt		Antwort/Entscheidung
1	Wie alt ist die vorhandene Heizungsanlage und in welchem Zustand ist sie?	
2	Ist eine Erneuerung oder Umrüstung von Komponenten ohnehin gesetzlich vorgeschrieben (z. B. nach Energie-Einspar-Verordnung)?	
3	Ist gewünscht, von Einzelraumheizung auf Zentralheizung umzustellen?	
4	Möchten Sie auf einen anderen Brennstoff umsteigen? Falls ja: Brauchen Sie ein neues Brennstofflager?	
5	Sind Heizkörper oder Heizflächen (z. B. Fußbodenheizung) vorhanden und können oder wollen Sie diese weiterhin nutzen?	
6	Können Sie das Haus an ein Nah- oder Fernwärmenetz anschließen lassen oder (ggf. zusammen mit Nachbarn) ein Klein-Blockheizkraftwerk installieren?	
7	Ist es sinnvoll, von dezentraler auf zentrale Warmwasserbereitung umzustellen?	
8	Wollen Sie eine Solaranlage mit einbauen? Wie viele Personen sollen damit versorgt werden?	
9	Wollen Sie zukünftig erneuerbare Energien nutzen und das anlagentechnisch vorbereiten?	
10	Sind die Verteilungen für Heizung und Warmwasser einschließlich der Armaturen, Schellen und Bögen gedämmt?	
11	Sind die Pumpen richtig ausgelegt und verbrauchen keine unnötige Energie durch Einstellung einer zu hohen Leistungsstufe?	
12	Ist die Heizungsanlage optimal eingestellt (Heizkurve, hydraulischer Abgleich)?	

1.3   Wärmebedarf berechnen

Bei der Heizungsmodernisierung im Altbau gibt der bisherige Heizenergieverbrauch einen guten Anhaltspunkt. Für den Wärmebedarf sind folgende Werte typisch (in Watt pro Quadratmeter):

- Altbau mit zeitgemäßer Wärmedämmung: 75 W/qm
- Neubau mit guter Wärmedämmung: 50 W/qm
- Niedrigenergiehaus: 30 W/qm
- Passiv- oder Sonnenhaus: höchstens 15 W/qm

Wichtig

Nach dem ersten Prüfen des Wärmebedarfs ist es ratsam, zuerst bei schlecht gedämmten Dächern, Außenwänden und Kellerdecken nachzubessern. Fenster ohne Wärmeschutzverglasung können mit einer solchen nachgerüstet werden, wenn der Rahmen noch gut ist. Erst wenn das wirtschaftliche Potenzial beim Wärmeschutz ausgeschöpft ist, sollte der neue Wärmeerzeuger ausgewählt werden. Dieser kann dann deutlich kleiner als bisher ausfallen, ist dadurch preisgünstiger und der Brennstoff wird wesentlich effizienter genutzt.

Der gesamte Wärmebedarf ist das Produkt aus diesem spezifischen Wärmebedarf (in Watt pro Quadratmeter) und der zu beheizenden Wohnfläche. Im Normalfall wird ein Altbaubesitzer die Wärmedämmung verbessern, bevor er eine neue Heizung einbaut, sodass der Wärmebedarf nach entsprechenden Baumaßnahmen neu zu ermitteln ist.

Heizungsbauer sind verpflichtet, den Norm-Gebäudewärmebedarf für alle Heizungssysteme anhand von DIN EN 12831 zu berechnen, wenn sie ein Angebot erstellen. Alle Transmissions- und Lüftungswärmeverluste sind zu erfassen und dabei auch Wärmebrücken zu berücksichtigen. Beiblatt 1 2008-07 ist eine wichtige Korrektur zur Heizlastberechnung (ein Schritt zurück zur alten Norm DIN 4701), da die erste Version der Europanorm für Deutschland durchgängig zu hohe Heizlasten lieferte. Diese Berechnung ist deshalb so wichtig, da eine Heizung bei Volllast effizienter und mit besseren Abgaswerten arbeitet. Es ist sinnlos, eine Anlage „lieber eine Nummer größer" zu kaufen. Ihr Anschaffungspreis wäre teurer und sie würde fast immer ineffizient unter Teillast laufen.

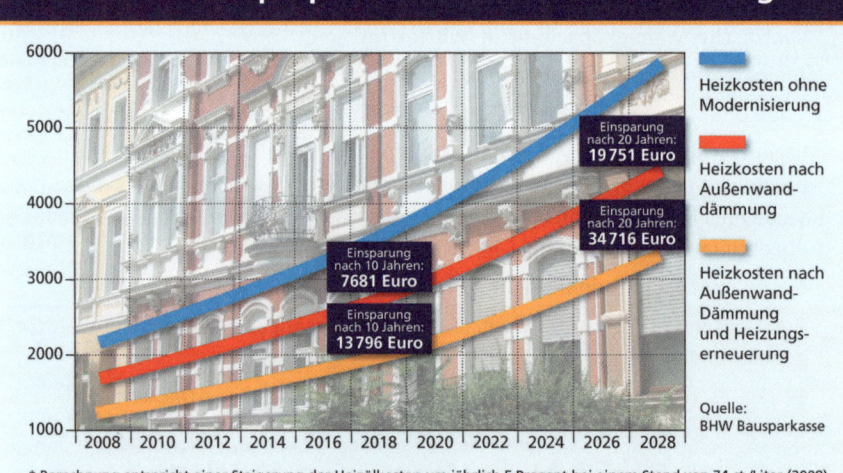

Abb. 1.3: Schnellere Amortisation durch steigende Energiepreise (Grafik; BHW)

Heizlastberechnung nach DIN EN 12831

Die Norm-Heizlast ist die Leistung, die eine Heizung aufbringen muss, um die gewünschte Raumtemperatur von z. B. 20 °C halten zu können, wenn die Außentemperatur dem tiefsten Zweitagesmittel entspricht, das zehnmal in 20 Jahren erreicht wird. Für Berlin ist das beispielsweise -14 °C.

Als Erstes wird der Wärmefluss durch die Gebäudehülle ermittelt, d. h. der Wärmeverlust durch alle Außenwände, die Fenster, das Dach sowie durch Kellerwände und Fundament. Danach wird die Lüftungsheizlast addiert. Das sind die Wärmeverluste durch das Lüften. Abschließend werden interne und solare Wärmegewinne abgezogen. Für Wärmebrücken gibt es jeweils Zuschläge. Das gesamte Regelwerk ist sehr umfangreich und wird hier nur in groben Zügen skizziert.

Die wichtigsten Formeln sind:

Wärmefluss [W] = Produkt aus

    Fläche [m^2],

    Wärmedurchgangskoeffizient, genannt U-Wert [W/(m^{2}K)] und

    Temperaturdifferenz zwischen innen und außen [°C]   ▶

Lüftungsheizlast [W] = Produkt aus

Luftvolumenstrom [m³/h],

spezifischer Wärmekapazität-Luft [Wh/(m³/h)] und

Temperaturdifferenz zwischen innen und außen) [°C]

Folgende Unterlagen liefern die Größen, die für die Berechnung erforderlich sind:

- Lageplan mit Angaben von Himmelsrichtung, Windanfall, Höhe der Nachbargebäude und der geografischen Lage zur Bestimmung der Abschirmungsklasse (frei stehendes Haus in windreicher Gegend oder durch Bäume oder andere Gebäude abgeschirmtes Haus?)
- Gebäudeplan und Grundrisse
- Geschossgrundrisse mit Baubemaßung, Nutzungsangaben, Raumtemperaturangaben, Nummerierung der Räume
- Gebäudeschnitt mit lichten Raumhöhen, Geschosshöhen, Deckendicken und Höhe der Brüstungen

Baubeschreibung mit Schichtenaufbau der Bauelemente, Fenster und Türen.

Die Summe der Einzelergebnisse aller Räume des Hauses ergibt dann die Leistung, die die Heizanlage maximal aufbringen sollte. Es gibt entsprechende Software, die dem Profi die Arbeit erleichtert.

1.4   Heizkörper oder Flächenheizung

Heizkörper

Die Wärmeverluste der Räume, die beheizt werden sollen, bestimmen die Größe der Heizkörper. Folglich können die Heizkörper in Niedrigenergiehäusern vergleichsweise klein sein. Andererseits sind auch die Vor- und Rücklauftemperaturen der Heizungsanlage entscheidend. Heizkörper von Solaranlagen, Wärmepumpen und Brennwertkesseln müssen größer oder großflächiger sein als die anderer Heizsysteme, um die insgesamt niedrigeren Vor- und Rücklauftemperaturen durch eine größere Oberfläche zu kompensieren.

Wenn plötzlich der Wärmebedarf durch Sonneneinstrahlung fast gedeckt wird, sollte der Heizkörper schnell reagieren können, was sich nur mit geringem Wasserinhalt und flinker Regelung bewerkstelligen lässt.

Abb. 1.4: Moderner Flachheizkörper (Foto: Bosch Thermotechnik)

Fußboden- und Wandheizung

Fußboden- und Wandheizungen bieten sich bei Heizungsanlagen mit systembedingt niedrigen Vorlauftemperaturen an, z. B. bei Wärmepumpen oder bei der Heizungsunterstützung durch Sonnenkollektoren. Fußboden- und Wandheizungen haben auf jeden Fall den optischen Vorteil, dass auf mehr oder weniger große und schöne Heizkörper verzichtet werden kann.

Der Bodenbelag über einer Fußbodenheizung sollte Wärme gut leiten. D. h.: Fliesen und Parkett sind gut geeignet, Teppichböden eher weniger. Viele empfinden eine Wand- oder Deckenheizung als besonders angenehm, da sie mit ihrem hohen Strahlungsanteil für eine ausgeglichene, behagliche Temperaturverteilung im Raum sorgt. Sie ist auch wesentlich einfacher nachträglich einzubauen als eine Fußbodenheizung. Wandheizungen erhöhen die Wandtemperatur. An schlecht oder zu gering gedämmten Außenwänden ist mit erhöhtem Wärmeverlust zu rechnen. Deshalb sollte man die Innenwände dafür bevorzugen.

Abb. 1.5: Vorgefertigtes Wandelement mit Leitungen für eine Wandheizung (Foto: Sera, Salzburg)

Luft-Zentralheizung

In Passivhäusern mit ihrem sehr geringen Wärmebedarf wird auf Heizkörper ganz verzichtet. In der Regel sorgen Luftheizungssysteme für eine angemessene Raumwärme. Die Luftheizung übernimmt gleichzeitig Heizungs- und Lüftungsaufgaben. Es genügt, die angesaugte Außenluft leicht zu erwärmen. Da Luft aber vergleichsweise wenig Wärme transportieren kann, ist nach Auskühlphasen oder Anlagenausfall schnelles Aufheizen nicht möglich.

Vor- und Nachteile verschiedener Heizkörper	
Fußboden-Heizelement	+ hoher Strahlungsanteil
	+ großflächig
	- hohe Speichermassen, dadurch reaktionsträge
	- nachträglich schlecht umzuplanen (Schrankstellflächen, …)
Heizplatte	+ hoher Strahlungsanteil
	+ geringer Wasserinhalt, dadurch reaktionsschnell
Konvektor	+ geringer Wasserinhalt, dadurch reaktionsschnell
	- fast nur Konvektion (Wärmeabgabe über Luftstrom)
Radiator	- hoher Konvektionsanteil
	- hohe Speichermassen, dadurch reaktionsträge
	- Staubaufwirbelung durch höhere Luftumwälzung
Wand- und Deckenheizung	+ hoher Strahlungsanteil
	+ schneller als Fußbodenheizungen

1.5   Energieträgervergleich

Erneuerbarkeit des Energieträgers

Eine nachhaltige Nutzung vorausgesetzt, sind erneuerbare Energieträger wie Holz, Pellets und Pflanzenöl theoretisch beliebig lange verfügbar. Sie werden wahrscheinlich sogar direkt in Ihrer Region produziert.

Abb. 1.6: Edelstahl-Brennkammer für Pellets. (Foto: Viessmann)

Ein Klein-Blockheizkraftwerk (BHKW) kann je nach Bauart mit verschiedenen Brennstoffen betrieben werden – auch mit Pflanzenöl oder zukünftig Holzgas. Es erzeugt mit einem Wirkungsgrad von über 90 % neben der benötigten Wärme zusätzlich Strom.

Die Erneuerbarkeit des Energieträgers gilt nur eingeschränkt für die Wärmepumpe, die Umgebungs- oder Erdwärme nutzt, denn die Pumpe braucht Strom, der in der Regel aus nicht erneuerbaren Energieträgern erzeugt wird. Wenn es im Winter kalt wird, heizen die Wärmepumpen derzeit praktisch zu hundert Prozent mit Strom aus Kohlekraftwerken. Deren schlechter Wirkungsgrad verschlechtert die Primärenergiebilanz einer Wärmepumpe erheblich.

Für Öl und Gas gibt es hier keine Pluspunkte.

Info

1 l Heizöl, 1 m³ Erdgas und 2,08 kg Holzpellets haben jeweils den gleichen Energie-inhalt von rund 10 kWh.

Heizkomfort

Der Heizkomfort hängt zum einen davon ab, wie groß der Aufwand ist, den Energie-träger zu beschaffen und zu lagern, die Heizung zu bedienen, Rückstände zu entsor-gen und die Anlage zu warten. Hier schneiden Wärmepumpe, Gas- und Ölheizung gut ab, ähnlich das Klein-BHKW. Die Pelletheizung ist etwas aufwendiger zu betrei-ben. Und wenn man mit Stückholz heizen will, muss man Körpereinsatz bringen.

Zum anderen ist die Frage wichtig, welche Art Heizung als angenehm empfunden wird: Finden Sie die Strahlungswärme eines Kachelofens, dessen Flamme Sie durch Glas hindurch beobachten können, einfach unübertroffen? Oder möchten Sie gar nichts von der Heizung bemerken, also auch keine Heizkörper sehen? Vielleicht bevorzugen Sie dann eine Fußbodenheizung oder eine in Wand oder Decke ver-steckte Flächenheizung. „Stinkt" Ihnen ein Ölkeller? Haben Sie einen Gasanschluss, aber keinen Lagerraum?

Kosten

Es geht hier um die Kosten für die Beschaffung der Heizanlage und den Energieträger/das Brennmaterial. Nebenstehend sehen Sie die sich stetig nach oben entwickelnden Preise bei Gas, Heizöl, Holzpellets und Strom in den vergangenen Jahren.

Nur Holzpellets kosten fast durchgängig rund 4 Cent pro Kilowattstunde. 2006 gab es aufgrund von Lieferengpässen eine Preissteigerung um bis zu 25 %. Weil aber die Produktionskapazitäten in Deutschland inzwischen verdoppelt wurden, ist das alte Preisniveau zurückgekehrt.

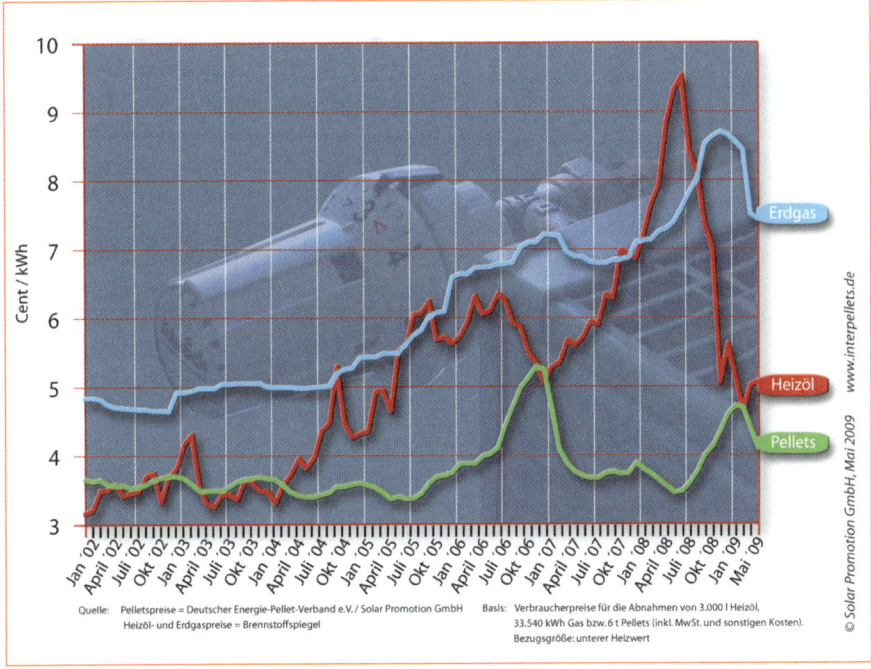

Abb. 1.7: Energiepreisentwicklung in Deutschland

Beim nachwachsenden und heimischen Energieträger Holz gibt es keine Lieferprobleme wie gelegentlich bei Öl und Gas. Bei einer Ölheizung sollte der Betreiber dringend eine Öltankversicherung abschließen, wenn er sich nicht ruinieren will, falls seine Öltanks einmal auslaufen und die Umgebung oder das Grundwasser verseuchen sollten (z. B. bei Hochwasser, das auch durch den Klimawandel verursacht wird).

Augenblicklicher Stand der Investitionskosten bei der Anschaffung in €, untere Grenze	
Wärmepumpe Sole/Wasser	27.800 €
Wärmepumpe Luft/Wasser	20.300 €
Klein-Blockheizkraftwerk* (BHKW)	15.000 €
Pelletkessel mit Fördereinrichtung	12.500 €
Kachelofen	8.000 €
Brennwertkessel Öl** oder Gas	4.300 €
Niedertemperaturkessel Öl** oder Gas	4.000 €

(Quelle: Viessmann)

* elektrische Leistung 5,5 kW, thermische Leistung 12,5 kW zuzüglich Einbindung in das Stromnetz, weitere Option: Abgaswärmetauscher, der die thermische Leistung um etwa 3 kW erhöht
** falls nicht bereits vorhanden: zuzüglich Kosten für Tank

Die Montagekosten für einen Kessel sind oft ähnlich hoch wie die Kosten für den Wärmeerzeuger selbst. Ein Wasserspeicher kostet je nach Ausführung und Größe zwischen 600 und 1.800 €. Wenn Sie die Heizanlage mit einem Sonnenkollektor auf dem Dach kombinieren, empfiehlt sich ein Solarspeicher, der das Wasser erwärmt, speichert und schichtet. Komplette Solarpakete für Warmwasser mit Kollektor, Speicher und Regelung sind ab 5.000 € erhältlich.
Wenn Sie in einem Altbau einen veralteten Kessel gegen einen neuen tauschen, kommen weitere Kosten auf Sie zu: Wenn der Schornstein nicht an die tieferen Abgastemperaturen eines Niedertemperaturkessels angepasst wird, kühlen die Abgase auf dem Weg nach draußen zu stark ab, es bildet sich Feuchtigkeit auf der Schornsteininnenwand, und Bauschäden drohen. Die Schäden können durch einen kleineren Schornsteinquerschnitt oder eine neu montierte Abgasleitung verhindert werden. Das Abgassystem von Brennwertkesseln muss unbedingt unempfindlich gegen Feuchtigkeit sein. Gut sind kombinierte Luft-Abgas-Systeme, die dem Brenner am Abgas vorgewärmte Luft zuführen.

Abb. 1.8: Schema der Warmwasserbereitung mit Sonnenkollektoren (Grafik: Wagner & Co, Cölbe)

Damit es nicht zur Versottung des Schornsteins kommt, zieht ein Fachbetrieb in den bestehenden Kamin ein Rohr aus Kunststoff, Edelstahl, Glas oder Keramik mit kleinerem Durchmesser ein. Das kostet zwischen 100 und 200 € pro Meter.

Abb. 1.9: Wenn ein Niedertemperatur- oder Brennwertkessel einen Standardheizkessel ersetzt, muss der bereits vorhandene Schornstein an die nun wesentlich niedrigeren Abgastemperaturen angepasst werden. Andernfalls gibt es Feuchteschäden. (Foto: Bausparkasse Schwäbisch Hall)

Ein weiterer wichtiger Aspekt ist die Eignung für die vorgegebene Bausubstanz. Wer einen schlecht gedämmten Altbau mit hohem Wärmebedarf einer Wärmepumpe heizt, wird mit den späteren Betriebskosten sicher nicht zufrieden sein. Wenn ein einzelnes Niedrigenergiehaus mit einem Klein-BHKW beheizt wird, ist das höchstwahrscheinlich auch nicht sinnvoll, da der Motor oft nicht im optimalen Bereich arbeiten wird und häufig taktet, was ihm überhaupt nicht bekommt. Das BHKW wird seine normale Lebensdauer kaum erreichen, und der Wartungsdienst hat immer viel zu tun.

Tipp

Vor der Anschaffung einer neuen Heizanlage sollte man die Wärmedämmung des Hauses optimieren.

Ein Passivhaus mit sehr geringem Wärmebedarf eignet sich viel eher für den Einsatz einer Wärmepumpe. Überall, wo gleichmäßig Wärme abgenommen wird, ist ein Klein-BHKW sinnvoll: Z. B. wenn es als gemeinsame Heizzentrale gleich mehrere Niedrigenergiehäuser beheizt und vielleicht im Sommer außer dem Brauchwasser noch ein kleines Schwimmbecken erwärmt oder wenn die solarthermische Kühlung eingesetzt wird (siehe auch Kapitel 8 „Lüftung und Kühlung").

Abb. 1.10: Wärmepumpe, die bis zu 65 °C Vorlauftemperatur liefern kann, rechts daneben der Warmwasserspeicher (Foto: Viessmann)

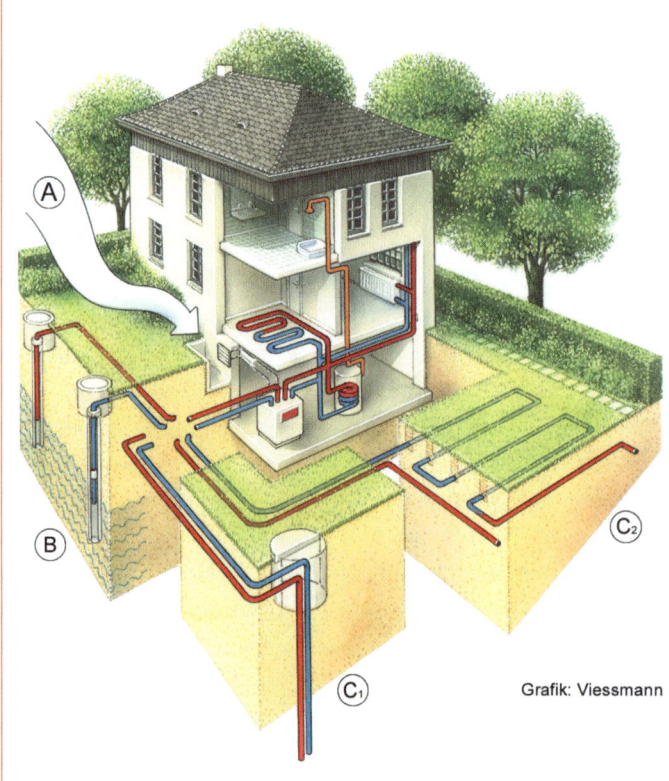

Alternative Wärmequellen für Vitocal 350:

A   Wärmequelle Luft

B   Wärmequelle Grundwasser

C_1 Wärmequelle Erdreich (Sonde)

C_2 Wärmequelle Erdreich (Erdwärmetauscher)

Grafik: Viessmann

Abb.: 1.11: Die alternativen Wärmequellen für eine Wärmepumpe (Grafik: Viessmann)

Raumbedarf für Heizung und Energieträger

In der folgenden Aufzählung nimmt der Raumbedarf für das Heizsystem und das Brennstofflager zu: Den geringsten Raum beansprucht die Gasbrennwerttherme, über Wärmepumpe, Gasheizung, Ölheizung, Klein-BHKW, Pelletheizung, Kachelofen, bis hin zur Stückholzheizung, die den größten Raumbedarf hat.

Umweltverträglichkeit

Die lokalen Auswirkungen auf die Umwelt sind freigesetzter Staub, Stickoxide, Kohlenmonoxid und unverbrannte Kohlenwasserstoffe. Hierbei ist die Wärmepumpe am Einbauort am saubersten – die Stromerzeugung ist weit entfernt. Bei den anderen Systemen werden mit Gas weniger Schadstoffe frei als mit Heizöl, das wiederum besser abschneidet als Pellets und Holz.

Bei der globalen Klimawirksamkeit – der CO_2-Bilanz – sieht es anders aus: Holz und Holzpellets verbrennen CO_2-neutral, bei der Stromerzeugung für die Wärmepumpe mit fossilen Brennstoffen ist das nicht der Fall. Außerdem müssen beim durchschnittlichen Wirkungsgrad der heutigen Kraftwerke ungefähr 3 Kilowattstunden Primärenergie eingesetzt werden, um 1 Kilowattstunde Strom zu erzeugen. Noch etwas schlechter sieht die CO_2-Bilanz beim Gas aus, Schlusslicht ist Heizöl.

Bei den Feinstaubemissionen verhält es sich folgendermaßen: Moderne Ölheizungen verursachen unter 2 mg Feinstaub pro Kubikmeter Abluft, Gasheizungen noch weniger, bei Holzpelletanlagen sind es zwischen 5 und 20 mg, und Scheitholz-Kaminöfen überschreiten teilweise mit über 150 mg Ruß pro Kubikmeter Abluft sogar den zulässigen Grenzwert.

Die Verfügbarkeit aller Energieträger ist bisher selten ein Thema gewesen. Eine Ausnahme war z. B. die Ölkrise Anfang der 70er-Jahre. Weitere politische Turbulenzen oder inflationäre Preissteigerungen in der Zukunft infolge knapper werdender Öl- und Gasvorräte kann niemand ausschließen.

Wichtiger Hinweis

Die Installation des Heizkessels, des Abgasstrangs und der Brennstoffleitungen für Öl, Gas oder der Fördereinrichtungen für Pellets sind auf jeden Fall Aufgaben für Fachleute, ebenso die Inbetriebnahme und Abnahme der Heizung. Die Lebensdauer und Betriebssicherheit Ihrer neuen Heizung steigt, wenn sie einmal im Jahr durch eine Fachfirma gewartet wird. Lassen Sie sich bei der ersten Inbetriebnahme die Bedienungsanleitung für die Heizungsanlage einschließlich der Regelungstechnik aushändigen und erklären.

Da Warmwasser als Trinkwasser zu den Lebensmitteln zählt, dürfen nur Fachbetriebe mit Zulassung der Deutschen Vereinigung des Gas- und Wasserfaches e. V. (DVGW) Installationen ausführen. Auch die jährliche Wartung der Anlage ist Sache von Fachleuten.

1.6   Betriebskostenvergleich

Dr. Ludger Eltrop von der Universität Stuttgart hat mit seinen Mitarbeitern vom Institut für Energiewirtschaft und Rationelle Energieanwendung (IER) die Heizkosten für verschiedene Heizsysteme untersucht. Bei den Berechnungen wurde von zwei gleich großen Einfamilienhäusern mit jeweils 150 m² Nutzfläche ausgegangen. Ihr Wärmebedarf ist abhängig von ihrem Dämmstandard: Es handelt sich um einen Neubau in Niedrigenergiebauweise und einen energetisch sanierten Altbau mit einem errechneten Heizanlagen-Leistungsbedarf von 5 kW bzw. 8 kW. Als Wärmebedarf für Warmwasser wurde für jedes der beiden Objekte 12,5 kWh pro m² und Jahr angenommen.
Dr. Eltrop hat folgende Heizsysteme betrachtet:

- Pelletkessel mit 200-l-Brauchwasserspeicher, Pelletlagerung und Austragung, Wärmeverteilung über Heizkörper
- Pelletkessel kombiniert mit 9 m² Aufdach-Sonnenkollektoren und Schichtenspeicher, Wärmeverteilung über Heizkörper (20 % Solaranteil an Warmwasser- und Heizungsunterstützung beim Altbau und 25 % Solaranteil beim Neubau)
- 15 kW Scheitholzvergaserkessel mit 825-l-Pufferspeicher, Wärmeverteilung über Heizkörper
- Wärmepumpe mit Erdwärmesonden (vertikal, 2 x 77 m für Altbau und 2 x 55 m für Neubau, soledurchflossen), Brauchwasserspeicher, Wärmeverteilung über Fußbodenheizung (Vorlauftemperatur 35 °C)
- Umgebungsluft-Wärmepumpe mit Brauchwasserspeicher im Keller, Wärmeverteilung über Fußbodenheizung (Vorlauftemperatur 35 °C)
- Erdgas-Brennwertkessel mit Brauchwasserspeicher, Wärmeverteilung über Heizkörper
- Erdgas-Brennwertkessel kombiniert mit 9 m² Aufdach-Sonnenkollektoren und Schichtenspeicher, Wärmeverteilung über Heizkörper (20 % Solaranteil an Warmwasser- und Heizungsunterstützung im Altbau und 25 % im Neubau)
- Heizöl-Niedertemperaturkessel mit Brauchwasserspeicher, Wärmeverteilung über Heizkörper
- Flüssiggaskessel mit Brauchwasserspeicher, Wärmeverteilung über Heizkörper

Energiepreise
Stand Juli 2009

	Preise		Bemerkung	Quelle
Grundpreis Strom	Euro/a	59,98	für WP	http://www.enbw.com/content/de/privatkunden/produkte/strom/elektrowaerme/waermepumpen/neuanlagen/index.jsp
Grundpreis Flüssiggas, 1,2 t, oberirdisch	Euro/a	17,85		http://www.eon-edis-vertrieb.com/html/17455.htm
- Strom	Ct./kWh	22,31		http://www.enbw.com/content/de/privatkunden/produkte/strom/komfort/index.jsp
- Strom, Wärmepumpentarif	Ct./kWh	15,12 11,02	Hochtarif Niedertarif	http://www.enbw.com/content/de/privatkunden/produkte/strom/elektrowaerme/waermepumpen/neuanlagen/index.jsp
- Erdgas, EnBW Zonentarif	Ct./kWh	9,88 8,41 5,90 5,72	1. Zone 2. Zone 3. Zone 4. Zone	http://www.enbw.com/content/de/privatkunden/produkte/gas/zonentarif/index.jsp
- Heizöl (Mittel der letzten 6 Monate)	Ct./l	51,79	Berechnung s. seperates EXCEL-Sheet	http://www.tecson.de/pheizoel.htm
- Heizöl (Mittel der letzten 12 Monate)	Ct./l	64,73		
- Pellets (Mittel der letzten 6 Monate)	€/t	221,25	Berechnung s. seperates EXCEL-Sheet	http://www.depv.de/marktdaten/pelletspreise/
- Pellets (Mittel der letzten 12 Monate)	€/t	207,97		
- Scheitholz, ofenfertig, Hartholz	Ct./kWh	4,80		http://www.tfz.bayern.de/festbrennstoffe/17385/
- Flüssiggas	Ct./l	53,07		http://www.eon-edis-vertrieb.com/html/17455.htm

Abb. 1.12: Energiepreisbasis für die Berechnungen (Grafik: Zech/Eltrop, IER, 2009)

Als Lebensdauer der durch Annuitätendarlehen (gemäß KfW-Förderrichtlinien) finanzierten Anlagen wurden durchweg 20 Jahre angenommen. Die Zinssätze orientieren sich an den Förderrichtlinien der KfW.

Die betriebsgebundenen Kosten beinhalten Instandsetzung, Wartung, Schornsteinfeger, Versicherungen und Überwachung sowie Hilfsenergie (Stromverbrauch: 0,7 % der thermischen Arbeit bei Scheitholz-, Heizöl- und Gaskessel, bei automatisch beschickten Holzfeuerungen sind es 1,2 %). Als Kosten für die Wärmeverteilung wurden für die Wärmepumpenvarianten 6.100 € angenommen (Fußbodenheizung) und für die anderen Heizsysteme 3.900 € (Heizkörper).

Heizkostenvergleich: Stand Juli 2009

Objekt 1: Neubau Einfamilienhaus mit einem Heizungswärmebedarf von 45 kWh (Kilowattstunden) pro m² und Jahr und einem Jahreswärmebedarf von 8.625 kWh.

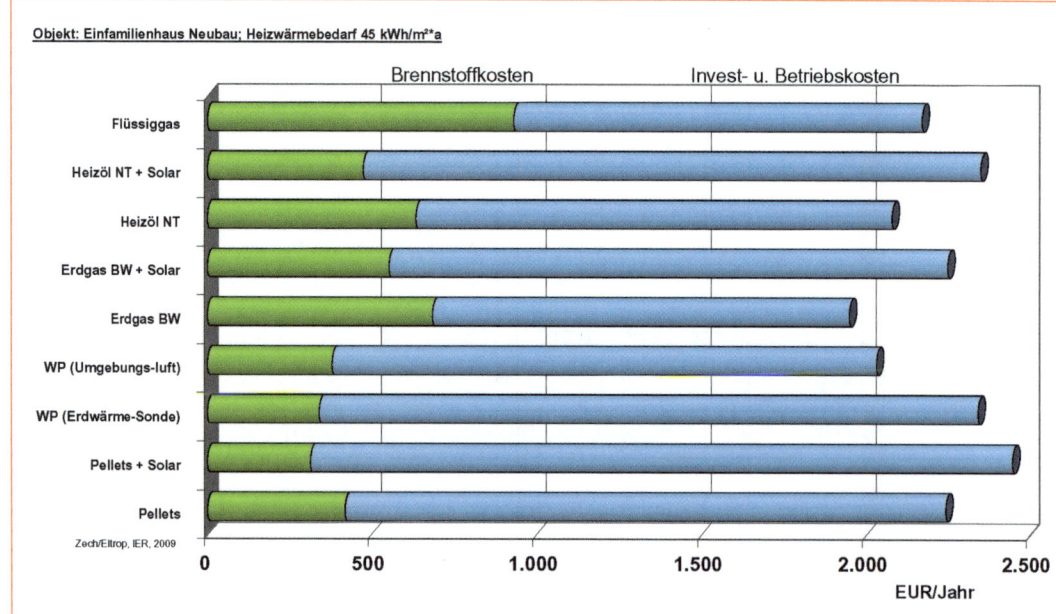

Abb. 1.13: Heizkostenvergleich für verschiedene Heizsysteme im Neubau (Grafik: Zech/Eltrop, IER, 2009)

Heizkostenvergleich Neubau (Stand April 2009)

Objekt: Einfamilienhaus Neubau; 45 kWh/m²a Heizwärmebedarf

IER, 2009 Ansprechpartner:
Dr. Ludger Eltrop
0711-685-87816/79
le@ier.uni-stuttgart.de

Nutzfläche	150	m2	
Wärmebedarf Heizung	45,0	kWh/m²xa	Anforderungen der EnEV werden damit auch für die ungünstigsten Heizungssysteme erfüllt
Wärmebedarf Warmwasser	12,5	kWh/m²xa	
Wärmebedarf Gesamt	57,5	kWh/m²xa	
Jahreswärmebedarf (Heizung u. Warmwasser)	9	MWh/a	

	Einheit	Pellets	Pellets + Solar	WP (Erdwärme-Sonde)	WP (Umgebungs-luft)	Erdgas BW	Erdgas BW + Solar	Heizöl NT	Heizöl NT + Solar	Flüssig-gas
Anlagendaten										
- Leistungsbedarf	kW	5	5	5	5	5	5	5	5	5
- Anlagenwirkungsgrad	%	92%	92%			102%	102%	92%	92%	102%
- Anlagennutzungsgrad	%	87%	87%			97%	97%	87%	87%	97%
- Jahresarbeitszahl				4,0	3,5					
- Deckungsanteil "Solar" an Heiz- und Brauchwasserwärmebedarf	%		25				25		25	
Jahresbrennstoffbedarf / Strombedarf bei Wärmepumpen	MWh	9,9	7,4	2,2	2,5	8,9	6,7	9,9	7,4	8,9
Investitionen (inkl. MwSt.)										
- Kessel	Euro	6.800	6.800			3.100	3.100	3.800	3.800	3.100
- Wärmepumpe (inkl. Zubehör, Anschlüsse, Warmwasserbereitung)	Euro			8.200	9.300					
- Wärmequelle (Sonde, Luftkanäle, Zubehör)	Euro			7.300	1.900					
- Solarkollektoranlage (inkl. Zubehör)	Euro		4.300				4.300		4.300	
- Brauchwasserspeicher, Pufferspeicher (Pellets)	Euro	1.800	3.000	1.000	1.000	1.000	3.000	1.000	3.000	1.000
- Lagerung/Austragung/Tank/Gasanschluss	Euro	2.200	2.200			1.800	1.800	1.900	1.900	540
- Schornstein/Abgasleitung	Euro	2.100	2.100			2.100	2.100	2.100	2.100	2.100
- Gas/Elektroinstallationen	Euro	600	600	600	600	300	300	300	300	300
- Hausinterne Verteilung	Euro	3.900	3.900	6.100	6.100	3.900	3.900	3.900	3.900	3.900
Summe	Euro	17.400	22.900	23.200	18.900	12.200	18.500	13.000	19.300	10.940
Förderung Marktanreizprogramm (Basisförderung + Kombinationsbonus)	Euro	-1.875	-3.334	-1.125	-563		-709		-709	
Summe Investition (inkl. MwSt.)	Euro	15.525	19.566	22.075	18.338	12.200	17.791	13.000	18.591	10.940
Kapitalgebundene Kosten										
Nutzungsdauer (Kessel, Pumpe, Speicher, Zubehör etc.)	Jahre	20	20	20	20	20	20	20	20	20
- effekt. Zinssatz aus KfW-Programm "Wohneigentumsprogramm" (Stand April 2009)	%	4,52%	4,52%	4,52%	4,52%	4,52%	4,52%	4,52%	4,52%	4,52%
Summe kapitalgebundene Kosten (inkl. MwSt.)	Euro/a	1.196	1.507	1.700	1.412	940	1.370	1.001	1.432	842
Betriebsgebundene Kosten										
- Instandsetzung (Ersatz, Reparatur)	Euro/a	174	174	232	189	122	122	130	130	109
- Wartung (Pflege, Reinigung, Betriebsstoffersatz)	Euro/a	310	310	70	50	130	130	170	170	214
- Schornsteinfeger	Euro/a	120	120			60	60	60	60	60
- Versicherung/Überwachung	Euro/a							70	70	
- Hilfsenergie	Euro/a	21	21			12	12	12	12	12
Summe betriebsgebundene Kosten (inkl. MwSt.)	Euro/a	625	625	302	239	324	324	442	442	395
Verbrauchsgebundene Kosten (Stand April 2009)										
Grundpreis Strom	Euro/a			60	60					
Grundpreis Flüssiggas, 1,2 t, oberirdisch	Euro/a									214
- Strom	Ct./kWh	20,5	20,5			20,5	20,5	20,5	20,5	20,5
- Strom, Wärmepumpentarif	Ct./kWh			13,1	13,1					
- Erdgas, EnBW Zonentarif	Ct./kWh					8,1	8,7			
- Heizöl (Mittel der letzten Monate: 64,96 ct/l)	Ct./kWh							6,4	6,4	
- Pellets (Mittel der letzten Monate: 213,22 €/t)	Ct./kWh	4,4	4,4							
- Scheitholz	Ct./kWh									
- Flüssiggas	Ct./kWh									9,2
Summe verbrauchsgebundene Kosten (inkl. MwSt.)	Euro/a	431	324	342	382	719	580	636	477	1.033
%-Anteil Pellets		100%	75%	79%	89%	167%	134%	147%	111%	239%
Gesamtkosten der Versorgung (inkl. MwSt.)	Euro/a	2.252	2.456	2.344	2.033	1.982	2.274	2.079	2.351	2.271
- davon Anteil MwSt.		376	428	445	386	377	432	395	447	432
spezif. Kosten (inkl. MwSt.)	Ct./kWh	26,1	28,5	27,2	23,6	23,0	26,4	24,1	27,3	26,3
%-Anteil Pellets		100%	109%	104%	90%	88%	101%	92%	104%	101%

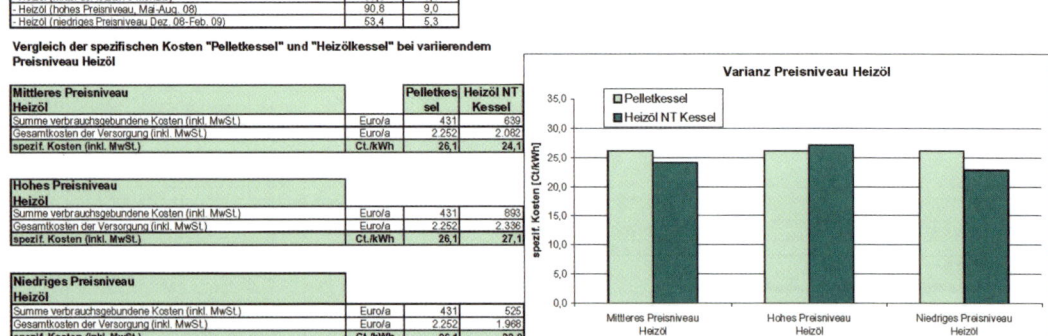

Varianz Preisniveau Heizöl

	Ct/l	Ct/kWh
- Heizöl (Mittel der letzten 6 Monate)	65,0	6,4
- Heizöl (hohes Preisniveau, Mai-Aug. 08)	90,8	9,0
- Heizöl (niedriges Preisniveau Dez. 08-Feb. 09)	53,4	5,3

Vergleich der spezifischen Kosten "Pelletkessel" und "Heizölkessel" bei variierendem Preisniveau Heizöl

Mittleres Preisniveau Heizöl		Pelletkessel	Heizöl NT Kessel
Summe verbrauchsgebundene Kosten (inkl. MwSt.)	Euro/a	431	639
Gesamtkosten der Versorgung (inkl. MwSt.)	Euro/a	2.252	2.082
spezif. Kosten (inkl. MwSt.)	Ct./kWh	26,1	24,1

Hohes Preisniveau Heizöl		Pelletkessel	Heizöl NT Kessel
Summe verbrauchsgebundene Kosten (inkl. MwSt.)	Euro/a	431	893
Gesamtkosten der Versorgung (inkl. MwSt.)	Euro/a	2.252	2.336
spezif. Kosten (inkl. MwSt.)	Ct./kWh	26,1	27,1

Niedriges Preisniveau Heizöl		Pelletkessel	Heizöl NT Kessel
Summe verbrauchsgebundene Kosten (inkl. MwSt.)	Euro/a	431	525
Gesamtkosten der Versorgung (inkl. MwSt.)	Euro/a	2.252	1.968
spezif. Kosten (inkl. MwSt.)	Ct./kWh	26,1	22,8

Objekt 2: Renovierter Altbau mit einem Heizungswärmebedarf von 70 kWh pro m² und Jahr und einem Jahreswärmebedarf von 12.375 kWh

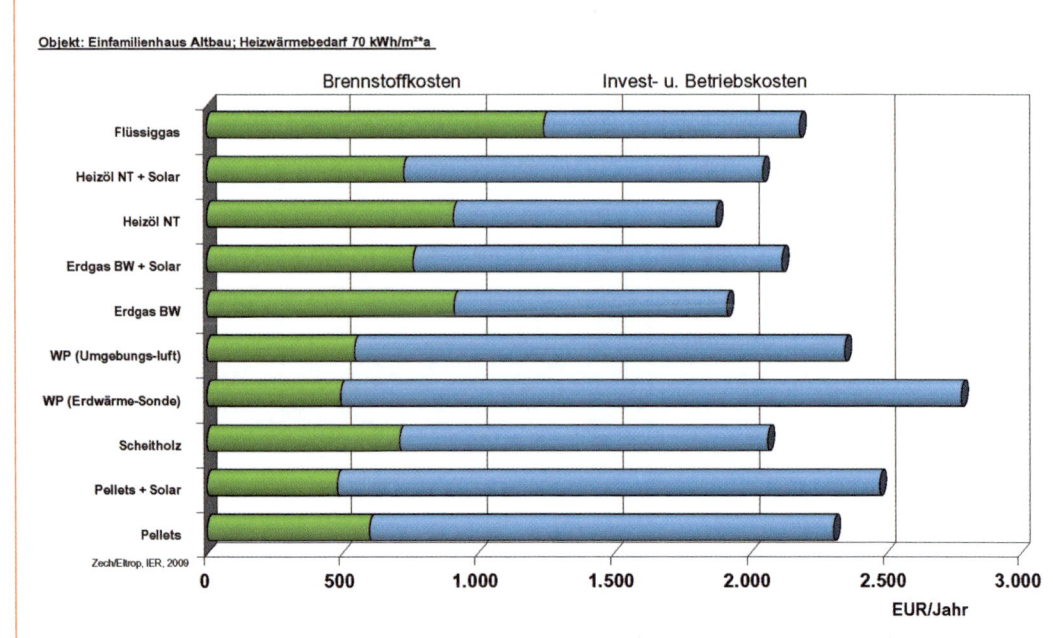

Abb. 1.15: Heizkostenvergleich für verschiedene Heizsysteme im sanierten Altbau (Grafik: Zech/Eltrop, IER, 2009)

Heizkostenvergleich Altbau saniert
Stand Juli 2009
Objekt: Einfamilienhaus Altbau; Heizwärmebedarf 70 kWh/m²*a
Sanierung Altbau mit Wärmedämmung und Heizungsanlage (Kesselaustausch Ölheizung)

IER, 2009   Ansprechpartner:
Dr. Ludger Eltrop
0711-685-87816/79
le@ier.uni-stuttgart.de

Nutzfläche	150	m2
Wärmebedarf Heizung	70,0	kWh/m²xa
Wärmebedarf Warmwasser	12,5	kWh/m²xa
Wärmebedarf Gesamt	82,5	kWh/m²xa
Jahreswärmebedarf (Heizung u. Warmwasser)	12,4	MWh/a

	Einheit	Pellets	Pellets + Solar	Scheit-holz	WP (Erdwärme-Sonde)	WP (Umgebungs-luft)	Erdgas BW	Erdgas BW + Solar	Heizöl NT	Heizöl NT + Solar	Flüssig-gas
Anlagendaten											
Leistungsbedarf	kW	8	8	8	8	8	8	8	8	8	8
Anlagenwirkungsgrad	%	92%	92%	90%			102%	102%	92%	92%	102%
Anlagennutzungsgrad	%	87%	87%	83%			97%	97%	87%	87%	97%
Jahresarbeitszahl					3,7	3,3					
Deckungsanteil "Solar" an Heiz- und Brauchwasserwärmebedarf	%		20					20		20	
Jahresbrennstoffbedarf / Strombedarf bei Wärmepumpen	MWh	14,2	11,4	14,9	3,3	3,8	12,8	10,2	14,2	11,4	12,8
Investitionen (inkl. MwSt.)											
Kessel	Euro	8.900	8.900	6.500			3.100	3.100	3.800	3.800	3.100
Wärmepumpe (inkl. Zubehör, Anschlüsse und Warmwasserbereitung)					10.300	11.500					
Wärmequelle					9.800	1.900					
Solarkollektoranlage (inkl. Zubehör)			4.300					4.300		4.300	
Brauchwasserspeicher, Pufferspeicher (Pellets, Scheitholz)	Euro	1.800	3.000	2.500	1.000	1.000	1.000	3.000	1.000	3.000	1.000
Lagerung/Austragung/Tank/Gasanschluss	Euro	2.700	2.700	900			2.250	2.250	250	250	540
Schornstein/Abgasleitung	Euro	2.100	2.100	2.100			2.100	2.100	2.100	2.100	2.100
Gas/Elektroinstallationen	Euro	600	600	600	600	600	300	300	300	300	300
Bauliche Anpassung der hausinternen Verteilung	Euro				6.100	6.100					
Entsorgungskosten Heizöltank	Euro	400	400	400	400	400	400	400			400
Summe	Euro	16.500	22.000	13.000	28.200	21.500	9.150	15.450	7.450	13.750	7.440
Förderung Marktanreizprogramm (Basisförderung + Kombinationsbonus)	Euro	-2.500	-4.195	-1.125	-3.000	-1.500		-1.695		-1.695	
Summe Investition (inkl. MwSt.)	Euro	14.000	17.805	11.875	25.200	20.000	9.150	13.755	7.450	12.055	7.440
Kapitalgebundene Kosten											
Nutzungsdauer (Kesselanlage + Zubehör)	Jahre	20	20	20	20	20	20	20	20	20	20
effekt. Zinssatz aus KfW-Programm "Wohnraum Modernisieren, Standard" Stand April 2009)		4,47%	4,47%	4,47%	4,47%	4,47%	4,47%	4,47%	4,47%	4,47%	4,47%
Summe kapitalgebundene Kosten (inkl. MwSt.)	Euro/a	1.073	1.365	911	1.932	1.534	702	1.055	571	924	570
Betriebsgebundene Kosten											
- Instandsetzung (Ersatz, Reparatur)	Euro/a	165	165	130	282	215	92	92	75	75	74
Wartung (Pflege, Reinigung, Betriebsstoffersatz)	Euro/a	310	310	170	70		130	130	170	170	214
Schornsteinfeger	Euro/a	120	120	120		50	60	60	60	60	60
Versicherung/Überwachung	Euro/a								70	70	
Hilfsenergie	Euro/a	33	33	19			19	19	19	19	19
Summe betriebsgebundene Kosten (inkl. MwSt.)	Euro/a	628	628	439	352	265	300	300	393	393	367
Verbrauchsgebundene Kosten (Stand Juli 2009)											
Grundpreis Strom	Euro/a				60	60					
Grundpreis Flüssiggas, 1,2 t, oberirdisch	Euro/a										214
Strom	Ct./kWh	22,3	22,3	22,3			22,3	22,3	22,3	22,3	22,3
- Strom, Wärmepumpentarif	Ct./kWh				13,1	13,1					
- Erdgas, EnBW Zonentarif	Ct./kWh						7,2	7,5			
- Heizöl (Mittel der letzten 12 Monate)	Ct./kWh								6,4	6,4	
- Pellets (Mittel der letzten 12 Monate)	Ct./kWh	4,2	4,2								
- Scheitholz, ofenfertig	Ct./kWh			4,8							
- Flüssiggas	Ct./kWh										8,1
Summe verbrauchsgebundene Kosten (inkl. MwSt.)	Euro/a	604	483	716	497	550	915	764	913	731	1.246
%-Anteil Pellets		100%	80%	119%	82%	91%	152%	127%	151%	121%	206%
Gesamtkosten der Versorgung (inkl. MwSt.)	Euro/a	2.305	2.476	2.066	2.781	2.349	1.917	2.119	1.878	2.048	2.184
- davon Anteil MwSt.		366	413	307	528	446	364	403	357	389	415
spezif. Kosten (inkl. MwSt.)	Ct./kWh	18,6	20,0	16,7	22,5	19,0	15,5	17,1	15,2	16,6	17,6
%-Anteil Pellets		100%	107%	90%	121%	102%	83%	92%	81%	89%	95%

Varianz Preisniveau Heizöl

	Ct./l	Ct./kWh
- Heizöl (Mittel der letzten 12 Monate)	64,7	6,4
- Heizöl (hohes Preisniveau)	93,9	9,3
- Heizöl (niedriges Preisniveau)	48,5	4,8

Vergleich der spezifischen Kosten "Pelletkessel" und "Heizölkessel" bei variierendem Preisniveau Heizöl

Mittleres Preisniveau Heizöl		Pelletkessel	Heizöl NT Kessel
Summe verbrauchsgebundene Kosten (inkl. MwSt.)	Euro/a	604	913
Gesamtkosten der Versorgung (inkl. MwSt.)	Euro/a	2.305	1.876
spezif. Kosten (inkl. MwSt.)	Ct./kWh	18,6	15,2

Hohes Preisniveau Heizöl			
Summe verbrauchsgebundene Kosten (inkl. MwSt.)	Euro/a	604	1.324
Gesamtkosten der Versorgung (inkl. MwSt.)	Euro/a	2.305	2.289
spezif. Kosten (inkl. MwSt.)	Ct./kWh	18,6	18,5

Niedriges Preisniveau Heizöl			
Summe verbrauchsgebundene Kosten (inkl. MwSt.)	Euro/a	604	685
Gesamtkosten der Versorgung (inkl. MwSt.)	Euro/a	2.305	1.650
spezif. Kosten (inkl. MwSt.)	Ct./kWh	18,6	13,3

Varianz Preisniveau Heizöl

Bei den Berechnungen wurden für die Jahresarbeitszahlen der Wärmepumpen diejenigen angenommen, die erreicht werden müssen, um Fördergelder zu erhalten. Das ist bei der Luft-Wärmepumpe eine JAZ von 3,3 und bei der Erdsonden-Wärmepumpe eine JAZ von 3,7. Setzt man jedoch die im Feldtest (s. Kapitel 5) erreichten niedrigeren Durchschnittswerte von 2,8 und 3,4 ein, erhöhen sich die jährlichen verbrauchsgebundenen Kosten folgendermaßen:

- bei der Erdsonden-Wärmepumpe von 352 auf 383 € (+8,8 %),
- bei der Luftwärmepumpe von 550 auf 648 € (+17,8 %).

Wenn für die Lebensdauer der Erdsonde 29 statt 20 Jahre angenommen werden, reduzieren sich die jährlichen kapitalgebundenen Kosten der Erdsonden-Wärmepumpe von 1.932 € auf 1.391 € (-28 %).
Der Grund für die teilweise niedrigeren Gesamtkosten gegenüber dem Neubau trotz höherer Verbrauchskosten liegt hauptsächlich darin, dass hier keine Kosten für die hausinterne Verteilung anfallen, da diese als schon vorhanden angenommen wurde.

2 Pflanzenöl und Biogas

2.1 Heizölkessel auf Pflanzenöl umrüsten

Pflanzenöl ist ein nachwachsender Brennstoff, der CO_2-neutral verbrennt. Es gibt europaweit viele brachliegende Flächen, die für den Anbau z. B. von Raps oder Sonnenblumen genutzt werden könnten. Bedenklich wäre dagegen die Einfuhr von Kokosöl, das in Anpflanzungen auf gerodeten Urwaldflächen gewonnen wird. Aber das könnte durch Importverbote geregelt werden. Pflanzenöl ist frei von Schwefel, Schwermetallen und Radioaktivität und hat eine höhere Energiedichte als Holz, Stroh oder Biogas. Es kann z. B. aus Raps, Sonnenblumen, Mais, Sojabohnen, Palmkernen, Erdnüssen, Oliven und Lein gewonnen werden. Insgesamt stehen rund 1.000 Pflanzenarten dafür zur Verfügung.

Die Firma Ryll-Tech aus Perleberg in Brandenburg bietet einen Hochtemperatur-Brennwertkessel für Pflanzenöl an, der sich auch für den Ersatz von alten Heizanlagen eignet. Die vorhandenen, meist auf hohe Vorlauftemperaturen ausgelegten Heizflächen können unverändert bleiben.

Alle Versuche, herkömmliche Brenner auf das Bio-Öl umzustellen, sind bisher gescheitert, denn die Düsen verkleben und die Zündelektroden verbrennen. Da der Brenner von Ryll-Tech weder Düsen noch Zündelektroden hat, verbrennt er nach Aussage des Herstellers problemlos alle Arten von Pflanzenöl, auch beliebige Mischungen.

Energiedichte in Kilowattstunden pro Liter	
Benzin	8,6
Pflanzenöl	9,2
Heizöl	9,8

Der Brenner eignet sich auch für Heizöl oder Gas. Vorlauftemperaturen bis 90° C sind möglich. Da das Abgas nur etwa 35° C warm ist, kommt die Heizanlage mit einer Abgasleitung aus Kunststoff aus. Nach Herstellerangaben hat der Pflanzenöl-Heizkessel einen Wirkungsgrad von über 99 %.

Die Firma Neue Energie Technik (NET), Salzburg, bietet Pflanzenölbrenner an, die sich auch für das Umrüsten vorhandener Heizkessel eignen. Der kleinste Brenner hat etwa 30 kW Heizleistung und kostet rund 4.000 € plus Mehrwertsteuer. Als Brennstoff eignet sich neben Rapsöl auch Biodiesel (RME/AME) oder gebrauchtes Frittieröl. Es gibt auch eine Reihe von Herstellern, die Blockheizkraftwerke für den Energieträger Pflanzenöl anbieten.

Ein weiterer Anbieter ist die Firma Falk Donner aus Kirchentellinsfurt, die ein Umrüst-Set zum Pflanzenölbrenner anbietet (*www.rapsoelbrenner.de*).

Nach der nicht nachvollziehbaren Einführung einer Energiesteuer auf alle Pflanzenöle, die als Brennstoff verwendet werden, sind diese inzwischen teurer als Heizöl. Damit ist dieser umweltverträgliche Brennstoff unwirtschaftlich geworden. Aber das kann sich sehr schnell wieder ändern (siehe 1. Kapitel). Da Pflanzenöl regenerativ ist, wird sein Preis langfristig betrachtet unter dem des zeitlich begrenzt verfügbaren Heizöls liegen.

Abb. 2.1: Ein für Pflanzenöl geeigneter Brenner (Foto: NE)

Da es keine Korrosionsprobleme mit dem Abgas gibt, ist die Brennwerttechnik bei Pflanzenölheizungen sehr zu empfehlen; die Abgastemperatur liegt unter 50 °C. Beim Brenner- oder Kesseltausch ist Folgendes zu beachten:

- Der Tank sollte nicht im Erdreich liegen, sondern in einem Raum mit etwa 15 bis 20 °C Umgebungstemperatur.
- Alte Tanks können nach einer Tankreinigung oder -sanierung für Pflanzenöl verwendet werden.
- Eine neue Tankentnahmeleitung muss montiert werden.
- Die Rohrleitung muss mindestens ½ Zoll Durchmesser haben (DN 15) und darf nicht aus Kupfer bestehen.
- Im oder auf dem Tank muss ein Ölförderaggregat montiert werden.
- Sehr wichtig ist eine vor dem Brenner montierte Filtereinheit.

Wichtig für einen störungsfreien Betrieb ist außerdem:

- geeignete Filter zu verwenden
- das Pflanzenöl vorzuwärmen
- entschleimtes Öl
- die Ölförderung immer im Druckbetrieb
- nur Spezialpumpen einzusetzen.

2.2 Die Ressource Biogas

Jährlich fallen in der Europäischen Union 700 Millionen Tonnen Agrarabfälle an. Bisher entsorgen die Landwirte die Reststoffe wie Gülle, Mist und Verarbeitungsrückstände in Form von Biomasse auf eigene Faust. Meist werden die Abfälle auf die landwirtschaftlichen Flächen ausgebracht und zerfallen dort zu Humus. Da dies überwiegend erst nach Abschluss der Vegetationsperiode geschieht, ist der Beitrag zur Verbesserung des Pflanzenwachstums gering. Häufig werden Gewässer verschmutzt und klimaschädliches Methan wird freigesetzt.
Durch das EU-Projekt *Agrobiogas* soll sich das ändern. Geplant ist, aus diesen Abfällen Biogas zu gewinnen, das zur Energieerzeugung z. B. in Blockheizkraftwerken verwendet werden kann. Erst nach Entgasung der Kohlenstoffinhalte wird die Biomasse zu nutzbarem Agrardünger aufbereitet. Außerdem kann Biogas in Erdgasnetze eingespeist werden.

3   Heizen mit Holz

In unseren Wäldern wächst ständig Holz in ausreichender Menge nach. Die Versorgungssicherheit mit heimischem Holz ist gut. Derzeit werden in Deutschland nur rund 60 % des jährlichen Zuwachses an Holz genutzt.

Für Holz spricht, dass es sich bei kurzen Versorgungswegen praktisch CO_2-neutral verhält. Genau die Menge Kohlendioxid, die beim Wachstum der Bäume im Holz gebunden wurde, wird beim Verbrennen oder Verrotten des Holzes wieder freigesetzt.

In modernen Heizanlagen lassen sich Holzpellets genauso bequem verfeuern wie Gas oder Öl. Auch Hackschnitzelheizungen laufen weitgehend automatisch. Stückholzheizungen, Kamin- und Kachelöfen müssen dagegen von Hand mit Brennstoff bestückt werden.

Richtig verwendet, d. h. bei vollständiger Verbrennung, ist unbehandeltes Holz ein umweltgerechter Brennstoff. Abhängig von Holzart und Jahreszeit, enthält frisch geschlagenes Holz zwischen 45 % und 60 % Wasser. Bei optimaler Trocknung – vor Regen und Schnee geschützt – sinkt dieser Wasseranteil auf 15 % bis 20 %. Das dauert etwa ein bis zwei Jahre. Erst dann ist das Holz zum Heizen geeignet. Gespaltenes Holz trocknet und brennt besser.

Folgende Brennstoffe sind (nach § 3 Abs. 1 der 1. Bundesimmisionsschutzverordnung, BImSchV) zur Verbrennung in Wohnhäusern zugelassen:

- Grill-Holzkohle
- naturbelassenes stückiges Holz einschließlich Rinde, z. B. Scheitholz, Hackschnitzel, Reisig und Zapfen
- naturbelassenes nicht stückiges Holz, z. B. Späne, Sägemehl, Schleifstaub und Rinde
- Presslinge aus naturbelassenem Holz in Brikettform (DIN 51731) oder vergleichbare Holzpellets

In handbeschickten Anlagen dürfen diese Brennstoffe nur in lufttrockenem Zustand verheizt werden. Private Haushalte dürfen Spanplatten und lackiertes Holz nicht verfeuern.

Überwachung

Anlagen mit einer Nennwärmeleistung über 15 kWh müssen nach dem Errichten oder bei wesentlichen Änderungen innerhalb von vier Wochen vom Schornsteinfeger überprüft werden. Mechanisch beschickte Feuerungen mit einer Nennwärmeleistung über 15 kWh überprüft der Schornsteinfeger einmal pro Kalenderjahr durch Messungen.

3.1   Heizen mit Pellets

Holzpellets sind kleine zylindrische Presslinge aus Holzspänen oder Waldrestholz. Sie sind naturbelassen und enthalten keinerlei Bindemittel oder sonstige Fremdstoffe. Sie sind bei einem Durchmesser von 6 bis 8 mm zwischen 20 und 50 mm lang. Ein Schüttkubikmeter des naturbelassenen Restholzes wiegt etwa 650 kg. Der Heizwert eines Kilogramms Pellets entspricht ungefähr dem von 0,48 l Heizöl. Sie können in Öfen oder Zentralheizungssystemen verheizt werden.

Abb. 3.1: Holzpellets sind entweder als Sackware erhältlich oder werden per Lkw lose angeliefert. (Foto: Viessmann)

Der Energieaufwand für die Herstellung von Holzpellets ist sehr gering: weniger als 3 % bezogen auf den Endenergie-Inhalt. Umweltverschmutzungen, die bei Öl infolge von Tankerunfällen und Lecks in Pipelines immer wieder vorkommen, sind bei Pellets ausgeschlossen. Außerdem ist auch die Gefahr von Explosionen, Bränden und Grundwasserverunreinigungen, die beim Lagern von Öl und Gas besteht, bei Pellets deutlich geringer oder gar nicht vorhanden. Aufgrund ihrer hohen Energiedichte brauchen sie so wenig Lagerraum, dass normalerweise eine Lieferung pro Heizsaison genügt. Da sie rieselfähig sind, kann sie ein Tankwagen liefern und in den Vorratskeller pumpen. Eine automatisch betriebene Förderschnecke oder ein Gebläse befördern sie von dort zum Brenner.

Abb. 3.2: Pelletanlieferung per Lkw (Foto: Paradigma)

Abb. 3.3: Befüllkupplung zum Anschluss des Pelletschlauchs (Foto: Paradigma)

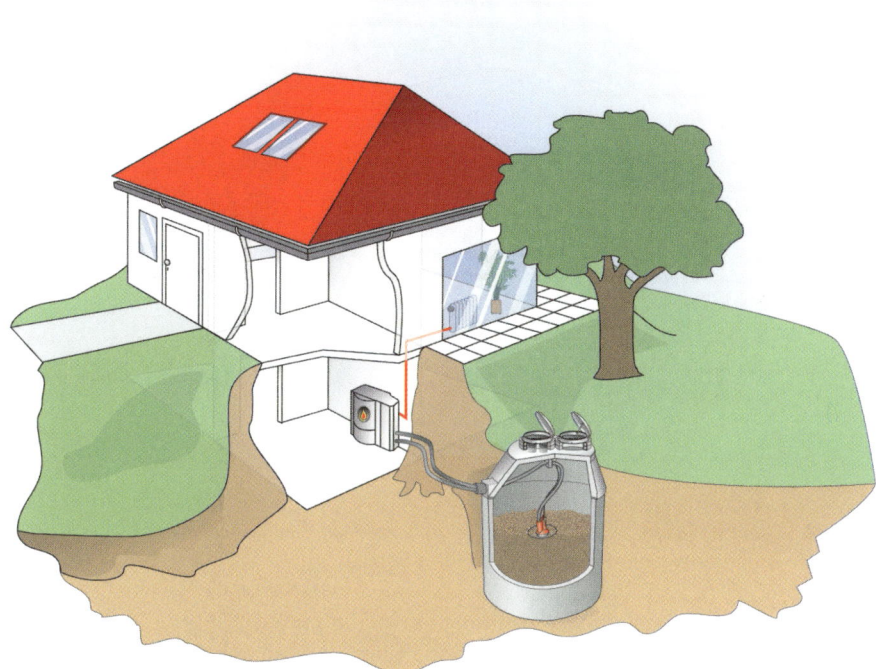

Abb: 3.4: Schema eines Hauses mit Pelletheizung und externem unterirdischen Pellet-
speicher (Grafik: Mall)

Die meisten Kessel und Öfen haben eine automatische Zündung durch einen Glüh-
stab oder ein Heißluftgebläse. So ist die Feuerung nur bei Bedarf in Betrieb und
wird ohne Arbeitsaufwand jederzeit erneut gezündet. Unter der Internetadresse
www.nachwachsende-rohstoffe.de ist eine von der Fachagentur *Nachwachsende Roh-*
stoffe e. V. herausgegebene Marktübersicht „Pellet-Zentralheizungen und Pelletöfen"
erhältlich.
Bei Pelletheizungen regelt ein Computer bei ständig geschlossenem Brennraum die
Brennstoffzufuhr und sorgt für optimale Verbrennung. Deshalb sind die Emissionen niedrig und Wirkungsgrade um die 90 % möglich. Die Zeitschrift *test* hat jedoch
festgestellt, dass es beim Stromverbrauch der Heizkessel verschiedener Anbieter sehr
große Unterschiede gibt. Auch der Stand-by-Verbrauch ist im schlechtesten Fall
sechsmal so hoch wie beim sparsamsten System.

Abb. 3.5: Brennraum einer Pelletheizung (Foto: Solvis)

Im Normalfall fallen bei der Verbrennung nur wenig Rückstände an und der Asche-kasten ist nur einige Male pro Heizperiode zu leeren. Aber wenn in den Pellets nur Spuren von Sand enthalten sind, bildet sich schnell Schlacke und der Verbrauch steigt drastisch. Dazu kann es kommen, wenn das Restholz im Wald mit schwerem Gerät aufgenommen worden ist. Derselbe Effekt tritt auf, wenn viele Holzpellets beim Ein-lagern zerbröseln. Das passiert, wenn die Pellets mit Überdruck in den Lagerraum geblasen werden und die Prallmatte auf der dem Befüllstutzen gegenüberliegenden Seite fehlt oder zu unnachgiebig ist. Denn Bruchstücke verbrennen viel schneller als Pellets, die der Normlänge entsprechen.

Ein Holzpelletkessel mit Regelung und Fördersystem kostet mindestens 10.000 €, zuzüglich der Kosten für die Montage, das Lager und einen Pufferspeicher. Rabatte von Installateuren und Zuschüsse des *Bundesamts für Wirtschaft und Ausfuhrkont-rolle* (BAFA) und der *Kreditanstalt für Wiederaufbau* reduzieren den Gesamtaufwand deutlich. Links zu Internetportalen mit den aktuellen Konditionen: *www.bafa.de* und *www.kfw.de*.

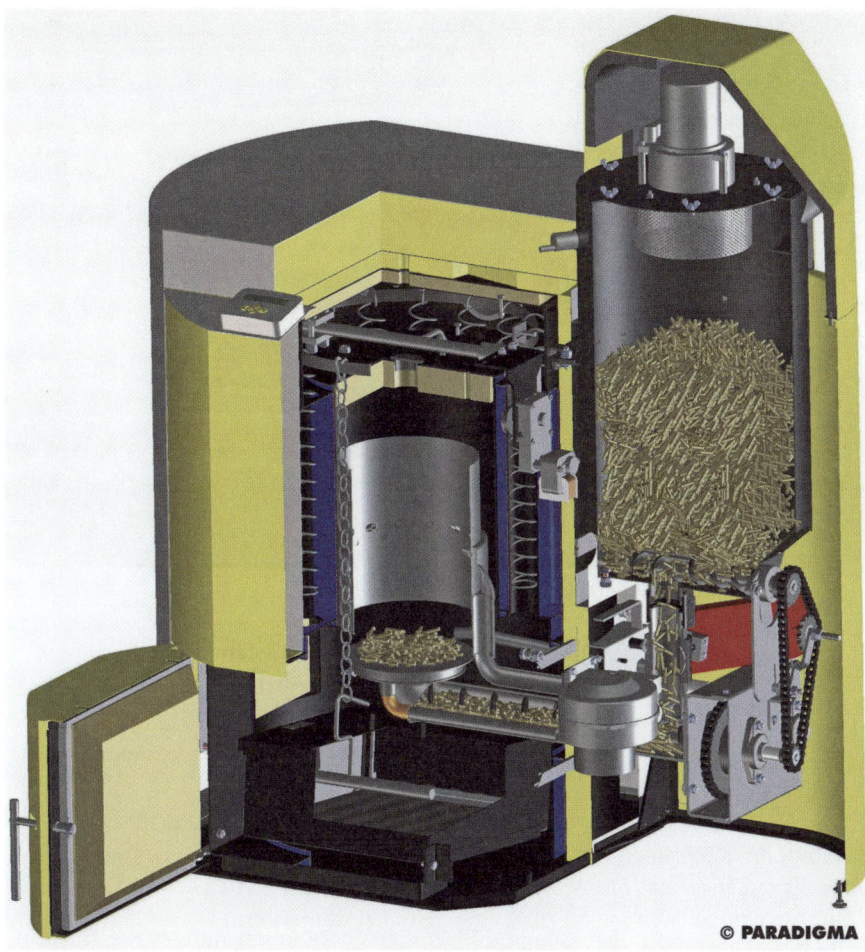

Abb. 3.6: Schnitt durch einen Pelletofen (Grafik: Paradigma)

Wichtig!

Der Förderantrag ist vor dem Kaufvertrag zu stellen, andernfalls gibt es keinen Zuschuss.

Qualität von Holzpellets

Die Norm DIN 51731 – in Österreich ÖNORM M 7135 – legt die Qualitätsanforderungen fest. Seit 2002 gibt es ein zusätzliches DINplus-Zeichen, das die Vorzüge der beiden Normen vereint und zusätzliche Kriterien für Abriebfestigkeit und Prüfverfahren aufstellt. Deshalb sind Sie beim Kauf gut beraten, wenn Sie auf das Normzeichen achten oder sich die entsprechende Qualität vom Händler garantieren lassen. Die Qualität der Pellets ist umso besser,

- je glatter und glänzender ihre Oberfläche ist
- je weniger Längs- und Querrisse zu sehen sind
- je geringer der Staubanteil ist
- je einheitlicher ihre Größe ist

Vorsicht: Pellets quellen auf, wenn sie mit Wasser oder feuchten Untergründen in Berührung kommen. Dann zerfallen sie und werden unbrauchbar; schlimmstenfalls blockieren sie die Fördertechnik.

Sie können Pellets im Einzelofen verbrennen, der im Wohnraum steht, oder in einem Kessel, der im Keller oder einem Nebenraum seine Aufgabe erfüllt. Beide Varianten eignen sich für den Anschluss an eine Zentralheizung.

3.1.1   Einzelofen

Es gibt Einzelöfen als frei stehende Kaminöfen oder als Ofeneinsätze für bestehende Kamin- oder Kachelöfen. Nach Befüllen des Vorratsbehälters wird die Zündung über einen Knopf ausgelöst. Die Temperaturreglung übernimmt ein Thermostat. Temperaturabsenkungen können Sie über eine Zeitschaltuhr steuern. Diese Öfen kommen bis zu 100 Stunden mit einer Füllung aus.

Die für Wohnräume angebotenen Pelletöfen haben eine Leistung von 5 bis 15 kW. Sie besitzen einen vom Brennraum abgetrennten Vorratsbehälter, der regelmäßig, z. B. mit Sackware, von Hand befüllt werden muss. Der Vorrat reicht je nach Heizbedarf zwischen 24 und 100 Stunden. Der Anschluss an einen Pelletvorratsraum und eine automatische Befüllung ist auch möglich.

Durch den Einbau einer Wassertasche und den Anschluss an ein Heizsystem können Einzelöfen auch zu Zentralheizungen erweitert werden. So kann das in der Wassertasche erwärmte Wasser andere Räume oder das Brauchwasser erwärmen. Für Häuser mit sehr niedrigem Energiebedarf reicht das. Da der Ofen immer etwa 20 % der Wärme direkt im Wohnraum abgibt, hat er im Sommer Pause und ein anderes Heizsystem erwärmt das Brauchwasser, z. B. eine Solaranlage. In einem Passiv- oder Sonnenhaus ist es in der Regel kein Problem, von März bis Oktober den Wärmebedarf mit einer thermischen Solaranlage zu decken.

Abb. 3.7: Von oben zu befüllender Pelletkaminofen (Foto: Bosch Thermotechnik GmbH)

Noch komfortabler ist der Einsatz einer witterungsgeführten Regelung in Verbindung mit einem Pufferspeicher. Je nach Sonneneinstrahlung laden entweder die Sonnenkollektoren oder der Pelletofen den Speicher mit Wärme auf. Der Regler entscheidet anhand der Speichertemperatur, ob die Sonne genug Wärme liefert oder ob der Einzelofen eingeschaltet werden muss.

3.1.2   Primärofen

Primäröfen stehen im Wohnraum und geben einen Teil ihrer Wärme als Strahlungswärme an die Umgebung ab. Bis zu 90 % der von ihnen erzeugten Wärme gelangen über einen Wärmetauscher in das Zentralheizungsnetz, versorgen so weiter entfernte Räume und erwärmen das Brauchwasser. Die Pellets sind, je nach Außentemperaturen und Verbrauch, nach einigen Tagen oder ggf. täglich von Hand nachzufüllen. Oft werden Primäröfen mit Solaranlagen kombiniert, da sonst der Wohnraum im Sommer beim Erwärmen des Brauchwassers mitgeheizt würde.

3.1.3   Heizkesselanlage

Diese Anlagen arbeiten ähnlich wie eine Ölheizung. Die Pellets werden entweder mit einer Förderschnecke oder mit einer Saugvorrichtung vom Lager zum Brenner transportiert. Ein Pufferspeicher ist erforderlich, wenn der Kessel technisch bedingt mehr Wärme erzeugt, als im Haus maximal gebraucht wird. Er kostet etwa 2.500 € und empfiehlt sich auch dann, wenn eine Solaranlage in das Heizsystem eingebunden wird. Ein Pelletkessel braucht etwa so viel Platz wie ein Ölkessel. Er steht – ggf. mit einem Pufferspeicher zusammen – entweder im Keller oder in einem Nebenraum. Der Kessel erwärmt die Räume und das Brauchwasser über ein Zentralheizungsnetz. Er wird automatisch gesteuert. Da die Verbrennung bei den meisten Modellen raumluftabhängig ist, sollte der Heizraum für den Luftaustausch an einer Außenwand liegen.

Abb. 3.8: Inbetriebnahme einer Holzpellet-Heizanlage (Foto: Junkers)

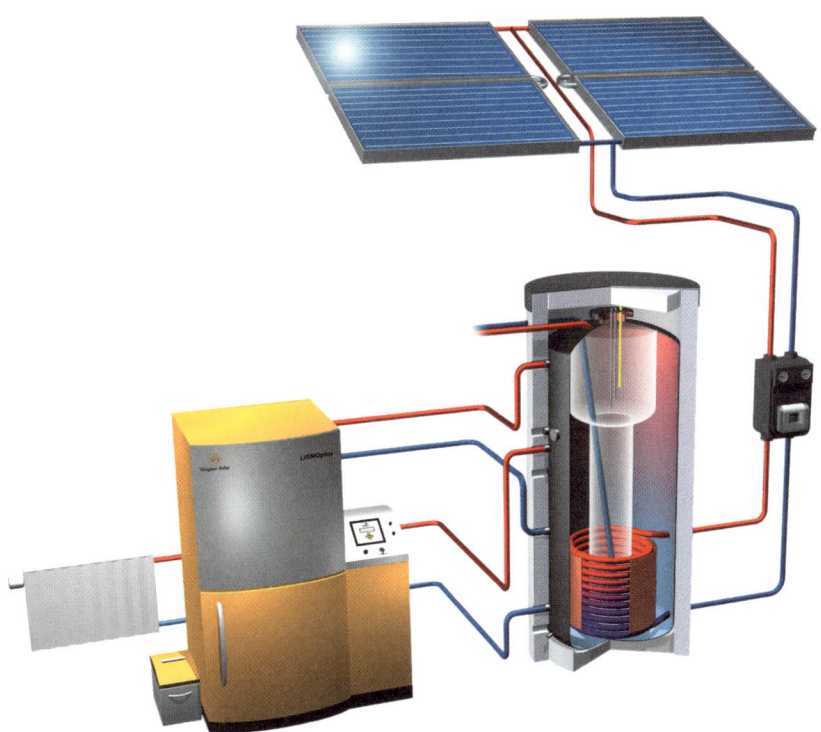

Abb. 3.9: Schema einer Pelletheizung, kombiniert mit einer solarthermischen Anlage (Grafik: Wagner & Co., Cölbe)

Es gibt halb automatische Zentralheizungen, deren Vorratsbehälter von Hand aufzufüllen sind. Ein Vorratsvolumen von mindestens 400 l – das entspricht etwa 260 kg Pellets – sorgt dafür, dass der Nutzer nicht allzu oft nachfüllen muss. Vollautomatische Heizungen transportieren die Pellets über eine Förderstrecke oder eine Saugvorrichtung vom Lagerraum zum Heizkessel. Im Idealfall ist der Lagerraum so groß, dass der Pellettankwagen nur einmal im Jahr gerufen werden muss. Die Saugaustragung hat gegenüber der Förderschnecke den Vorteil, dass der Lagerraum nicht unmittelbar neben dem Heizungsraum liegen muss. Entfernungen bis zu 20 m und Höhenunterschiede bis zu 6 mm sind so überbrückbar. Dann kann z. B. auch ein Erdtank im Garten oder ein Silo in einem Anbau als Pelletlagerraum dienen. In diesem Fall transportiert die Saugvorrichtung einmal am Tag Brennstoff in einen zwischengeschalteten Vorratsbehälter und von dort vollautomatisch in den Brennraum.

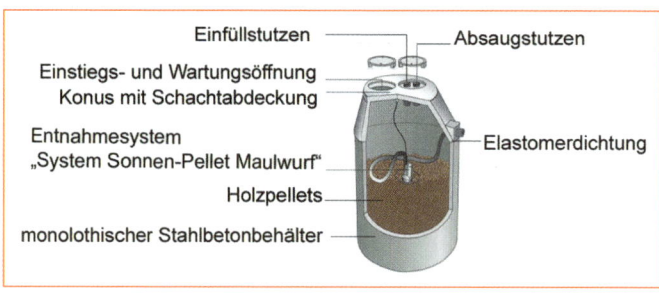

Einfüllstutzen   Absaugstutzen

Einstiegs- und Wartungsöffnung
Konus mit Schachtabdeckung

Entnahmesystem
„System Sonnen-Pellet Maulwurf"   Elastomerdichtung

Holzpellets

monolothischer Stahlbetonbehälter

Abb. 3.10: Unter-
irdischer Pellet-
speicher (Grafik:
Mall)

Wenn Sie eine Förderschnecke und einen Kellerraum als Lagerraum verwenden, erhöht der Einbau eines tragfähigen Schrägbodens die Menge der Pellets wesentlich, die die Förderschnecke austragen kann. Danach stehen noch rund zwei Drittel des Raumvolumens für die tatsächliche Lagerung zur Verfügung.

Es ist auf jeden Fall empfehlenswert, sich vor dem Bau- oder Umbaubeginn des Heiz- und Lagerraums über die geltenden Vorschriften zur Pelletlagerung, Verbrennungsluftzuführung und Abgasabführung bei der zuständigen Bauaufsichtsbehörde oder beim Bezirksschornsteinfegermeister zu erkundigen.

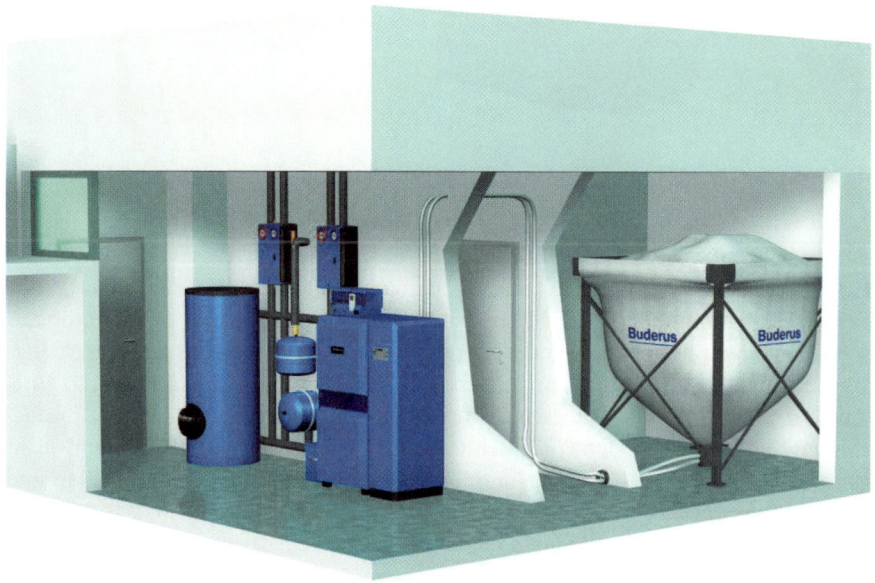

Abb. 3.11: Ein Saugsystem transportiert die Pellets zum Brenner. Damit lassen sich bis zu 20 m überbrücken. (Grafik: Bosch Thermotechnik GmbH)

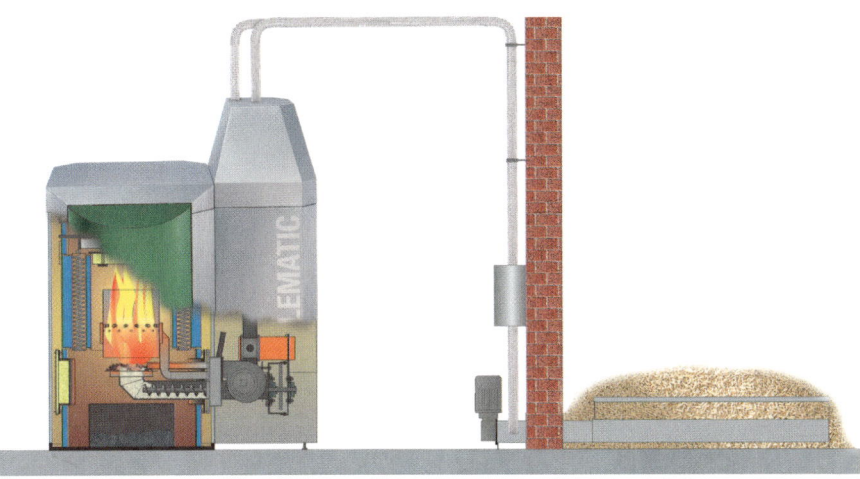

Abb. 3.12: Schnittzeichnung durch einen Pelletheizkessel mit Pelletlager und Saugvorrichtung (Grafik:ÖkoFEN)

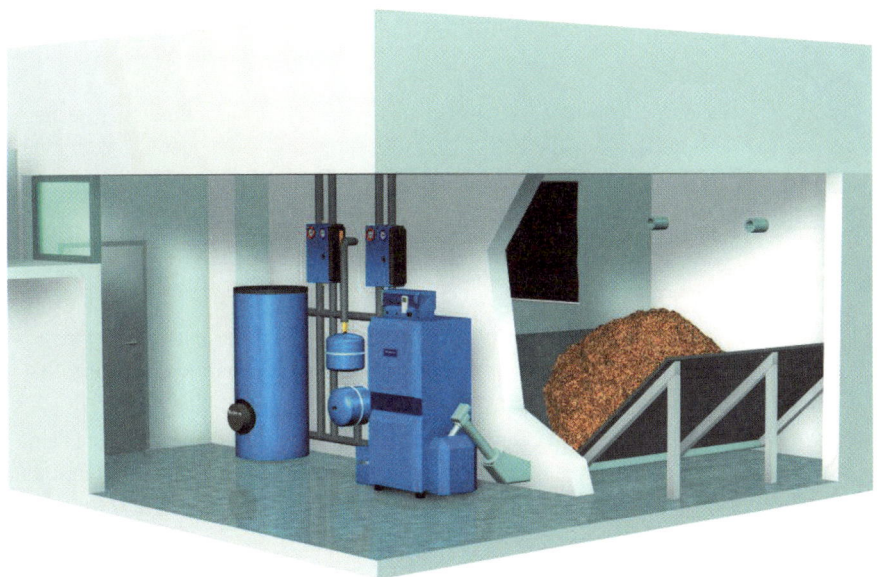

Abb. 3.13: Alternativ transportiert ein Knickschneckensystem die Pellets maximal 5 m
weit. (Foto: Bosch Thermotechnik GmbH)

Abb. 3.14: Schnittzeichnung durch einen Pelletheizkessel mit Pelletlager und Förderschnecke (Grafik: ÖkoFEN)

Empfehlungen für den Heiz- und Lagerraum

Lagervorschriften für Holzpellets gibt es in Deutschland bisher nicht. Sie sind daher
auf der sicheren Seite, wenn Sie sich z. B. an den österreichischen Verordnungen orientieren.

Experten empfehlen:

Umfassungswände und die Geschossdecke des Heiz- und Lagerraums entsprechen
der Feuerwiderstandsklasse F 90 (DIN 4102), die Türen und Einstiegsöffnungen mindestens T 30; sicherer ist T 90. Türen und Einstiegsöffnungen gehen außerdem nach
außen auf und sind mit einer Dichtung versehen. Mindestens 3 cm dicke Holzbretter
sichern die Innenseite der Türöffnung im Pelletlagerraum: Sie verhindern, dass die Pellets gegen die Brandschutztür drücken. Im Pelletlagerraum befinden sich aus brand-
schutzrechtlichen Gründen keine Elektroinstallationen wie Lichtschalter, Steckdosen,
Lampen oder Verteilerdosen. Als Licht im Lagerraum kommt nur eine explosionsge-
schützte Beleuchtung infrage. In Griffweite der Lagerraumtür befindet sich ein Not-
Aus-Schalter für die Heizanlage.

Es ist vorteilhaft, die Pellets von der schmalen Seite des rechteckigen Lagerraums ein-
zublasen und den Befüllstutzen in der Mitte unterhalb der Decke zu montieren. Das
sorgt für eine optimale, gleichmäßige Befüllung des Raums. Der Absaugstutzen befindet sich auf gleicher Höhe in mindestens 50 cm Abstand.

Auf der dem Befüllstutzen gegenüber liegenden Seite ist in 20 cm Abstand von der
Wand eine Prallmatte senkrecht angebracht. Sie verhindert die Beschädigung des
Mauerwerks durch die mit Überdruck eingeblasenen Pellets.   ▶

Prinzipiell sollte der Weg vom Einfüllstutzen zum Lagerraum möglichst kurz sein. Außerdem sind 90°-Bögen zu vermeiden. Das gilt für das gesamte Einblasrohr. Wenn das nicht möglich ist, muss wenigstens ein Mindestradius von 20 cm eingehalten werden – andernfalls würde am Bogen bei der Anlieferung viel Staub produziert. Es gibt spezielle Kunststoffrohre, in die eine Stahlspirale integriert ist, die geerdet werden kann. Dadurch wird verhindert, dass es durch elektrische Aufladungen beim Einblasen der Pellets zu Holzstaubexplosionen kommt.

Nur wenn der Lagerraum trocken und staubdicht ist, bleibt der Wassergehalt der Pellets dauerhaft unter 10 % und ihr konstanter Heizwert garantiert. Außerdem könnten aufgequollene Pellets die Zuführung zum Kessel verstopfen.

Sie müssen mit 1.500 bis 2.000 € Materialkosten für den Ausbau des Lagerraums rechnen.

Wichtig bei Lieferung mit einem Tankwagen

Moderne Pellettankwagen haben eine Wägeeinheit und eine Absaugvorrichtung für die eingeblasene Luft an Bord. Nur wenn der Pelletlieferant ein Absauggebläse zum Absaugen der Luft verwendet, ist die Staubbelastung minimal. Aus sicherheitstechnischen Gründen ist die Heizungsanlage mindestens drei Stunden vor dem Befüllen des Lagerraums auszuschalten. Der beim Befüllen des Lagers entstehende Unterdruck könnte sich bis in den Kessel ausdehnen, was zu einem Rückbrand führen könnte.

Der Befüllschlauch ist maximal 30 m lang und der Tankwagenfahrer sollte ihn möglichst gerade verlegen können, damit die Pellets sich nicht stauen. Wahrscheinlich liefert er nur, wenn er von außen an die Befüllstutzen herankommt. Ein Stromanschluss mit 230 V in unmittelbarer Nähe ist von Vorteil, damit ein Absauggebläse für den beim Einblasen der Pellets entstehenden Staub angeschlossen werden kann.

Hochwertige Anlagen steuern mittels einer digital-elektronischen Überwachung das optimale Verhältnis von Pellets und Verbrennungsluft. Dadurch erreichen sie mit geringeren Emissionen einen hohen Wirkungsgrad von um die 90 % (im Test, bei Herstellerangaben bis 95 %). Für einen risikoarmen Betrieb der Anlage sorgen zusätzliche Rückbrandsicherungen.

Gerade für Gebäude mit niedrigem Wärmebedarf ist der Einbau eines Pufferspeichers vorteilhaft: Das reduziert die Zahl der Brennerstarts und die Emissionen, da der Heizkessel immer im Volllastbetrieb laufen kann. Gleichzeitig steigt der Nutzungsgrad der Anlage.

Mit dem „blauen Engel" ausgezeichnete Pelletheizungen sind im Vergleich zu anderen Holzheizungen besonders emissionsarm. Aber auch diese Anlagen haben im Vergleich zu modernen Öl- und Gasheizungen deutlich höhere Feinstaubemissionen.

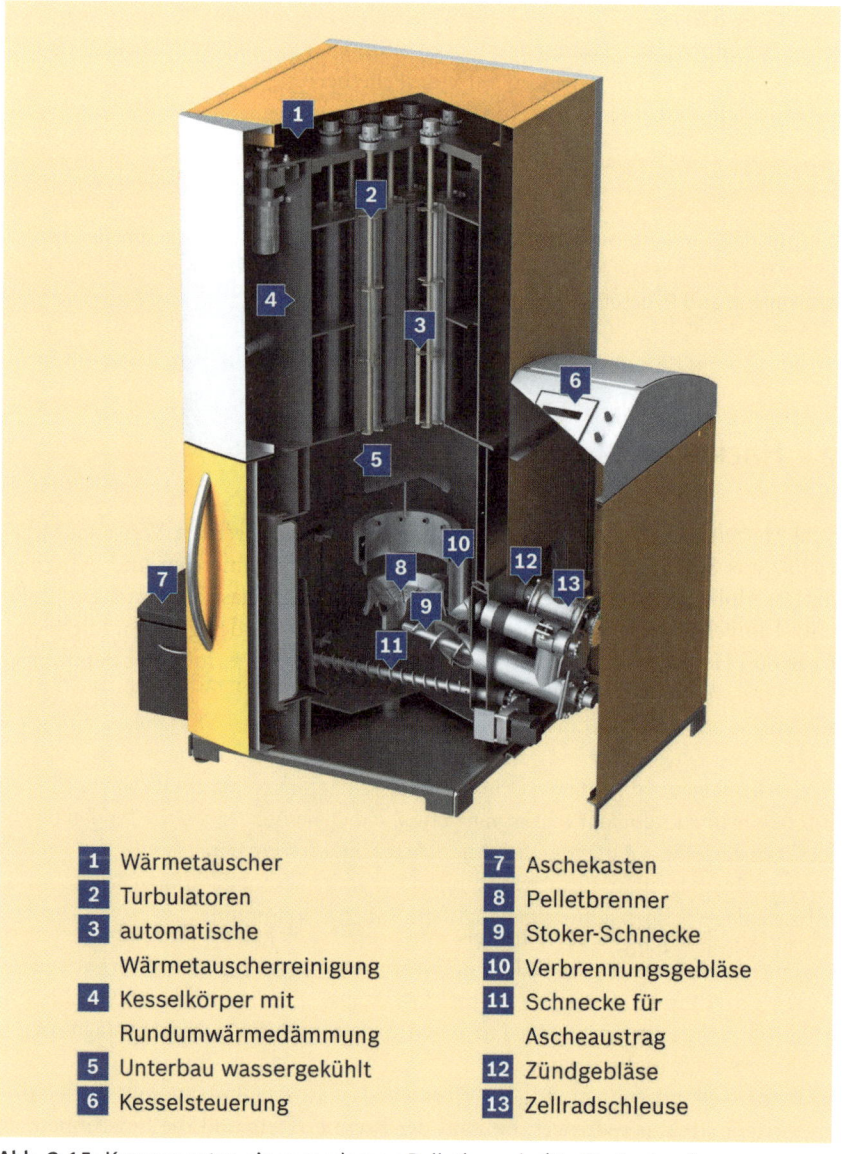

1 Wärmetauscher
2 Turbulatoren
3 automatische
   Wärmetauscherreinigung
4 Kesselkörper mit
   Rundumwärmedämmung
5 Unterbau wassergekühlt
6 Kesselsteuerung
7 Aschekasten
8 Pelletbrenner
9 Stoker-Schnecke
10 Verbrennungsgebläse
11 Schnecke für
   Ascheaustrag
12 Zündgebläse
13 Zellradschleuse

Abb. 3.15: Komponenten eines modernen Pelletkessels (Grafik: Junkers)

Es gibt auf dem Markt auch Kombikessel, die Pellets und Scheitholz verbrennen können. Das Scheitholz ist bei ihnen manuell zuzuführen. Der Aufwand für eine Schorn-
steinsanierung bei der Umstellung auf eine Pelletheizung ist vergleichbar mit dem
bei der Umstellung auf eine moderne Öl- oder Gasheizung.

Tipp

Unter der Internetadresse *www.nachwachsende-rohstoffe.de* ist eine von der Fachagentur Nachwachsende Rohstoffe e. V. herausgegebene Marktübersicht „Pellet-Zentralheizungen und Pelletöfen" erhältlich.

3.2 Hackschnitzelheizung

Für das Heizen mit Hackgut muss kein Baum extra gefällt werden. Verwendet werden Holz aus Sturmschäden, Äste und Abfallholz von Zimmereien und Schreine-
reien. Das Holz wird nach einer mehrmonatigen Trockenphase in etwa 3 cm große
Schnitzel aufgehackt. Ein Kubikmeter trockenes Hackgut hat den gleichen Energieinhalt wie 80 l Heizöl, kostet aber erheblich weniger (9 bis 15 €/m³). Auf dem Markt
gibt es Hackschnitzelheizungen ab etwa 15 kW Leistung. Sie bestehen aus den Komponenten:

- Brennstofflager mit Befüllvorrichtung und Austragungssystem
- Brennstoffförderung zur Feuerung
- Hackschnitzelkessel
- Wärmeabgabesystem, Brauchwasserspeicher und eventuell Pufferspeicher
- Abgasanlage/Schornstein, gegebenenfalls Rauchgasreinigung
- Ascheaustragsystem

Abb. 3.16: Etwa 2,5 kg Hackschnitzel haben den gleichen Heizwert wie 1 l Heizöl. (Foto: KWB Biomasseheizungen)

Im Vergleich zu Pellets erfordern Hackschnitzel eine größere Lagerfläche, eine Zufahrtsmöglichkeit für einen Kipper und leistungsstärkere Lageraustragungs- und -eintragungssysteme. Deshalb fallen die Investitionskosten entsprechend höher aus, die Brennstoffkosten sind jedoch niedriger. Für den gleichen Energieinhalt benötigen Hackschnitzel etwa den dreifachen Lagerraum wie Öl. Zudem empfiehlt sich bei einer Holzfeuchte von über 40 % eine Vortrocknung der Holzreste, Hobel- und Sägespäne. Andernfalls leistet der Heizkessel weniger und es kann zu Betriebsstörungen und Korrosion kommen. Die Energiekosten für einen Hackgut-Trocknungseinsatz machen etwa 3 bis 5 € pro Schüttraummeter aus. Durch das Trocknen erhöht sich der Heizwert. Das spart Brennstoff.

Durch die automatische Beschickung, Zündung und zum Teil auch Ascheaustragung kostet eine Hackschnitzelheizung etwa zwei- bis dreimal so viel wie eine vergleichbare Ölheizung. Eine kleine Hackschnitzelheizung plant und installiert komplett der Heizungsbauer oder Hersteller. Erst ab einem jährlichen Heizölverbrauch von 5.000 l ist es eventuell wirtschaftlich, statt der Ölheizung eine Hackschnitzelheizung einzubauen. Für kleinere Heizanlagen sind in der Regel Pelletheizungen besser geeignet.

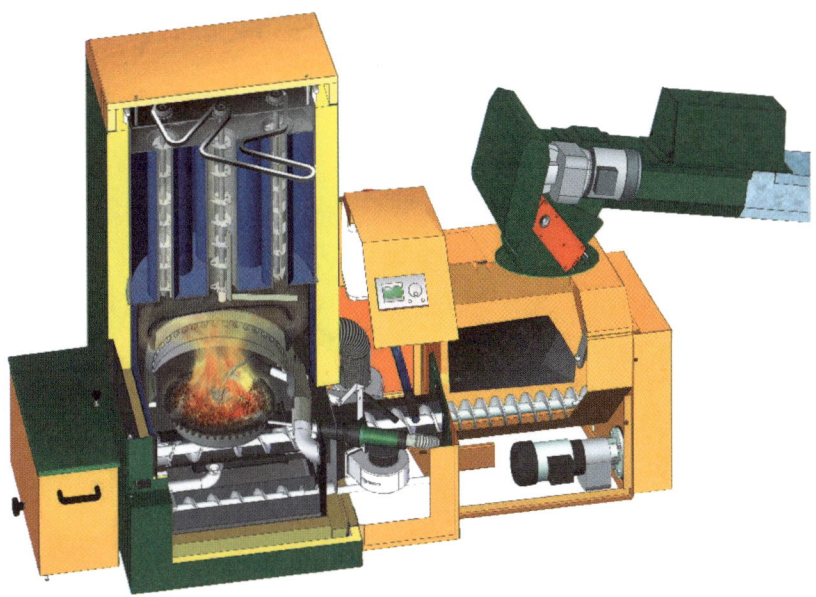

Abb. 3.17: Schnittzeichnung durch eine Hackschnitzelheizung mit automatischer Beschickung und Ascheaustragung (Grafik: KWB)

Mögliche Mängel an Hackschnitzelheizungen sind:

- hoher Brennstoffverbrauch durch zu feuchten Brennstoff
- hoher Verschleiß der feuerbelasteten Teile durch minderwertiges Material bei billigen Kesseln
- Störungen in der automatischen Brennstoffzufuhr durch ungeeignete Brennstoffe, Verunreinigungen oder falsch ausgelegte Fördereinrichtungen
- häufiges Takten in der Übergangszeit, weil ein Pufferspeicher fehlt

3.3   Stückholzheizung

Dieser Heizungstyp verrichtet überwiegend auf Bauernhöfen und in Ein- und Zweifamilienhäusern im ländlichen Gebiet seinen Dienst. Heute sind Saugzugkessel Standard. In diesen Holzvergaserkesseln werden die Schwelgase, die beim Verbrennen des
Holzes auf dem Glutbett entstehen, mittels Unterdruck in den Brennraum gezogen.
Dort zersetzen sie sich unter Zufuhr vorgewärmter Sekundärluft bei etwa 1.000 °C
vollständig. Entsprechend gering sind die Emissionen. Das Saugzuggebläse befördert
die Rauchgase in den Rauchfang. Dadurch ist ein schnelles Anheizen möglich.

Abb. 3.18: Trockengelagertes Stückholz (Foto: KWB)

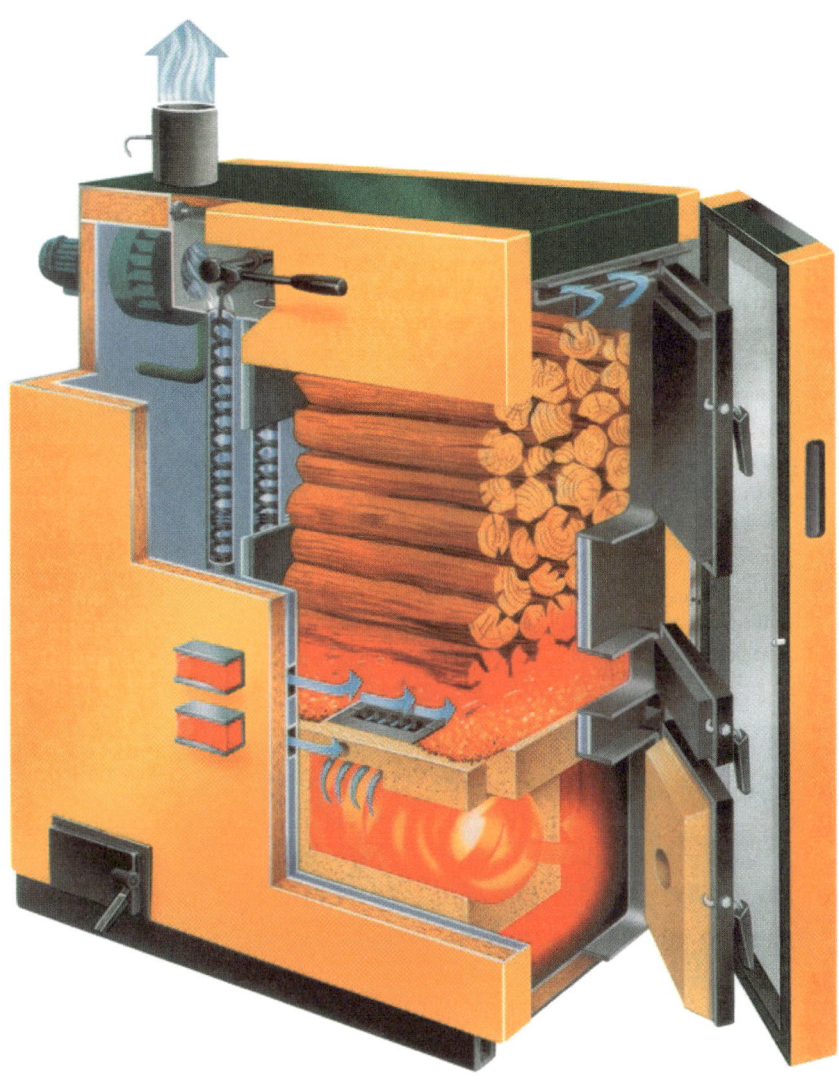

Abb. 3.19: Schnittbild einer Stückholzheizung (Grafik: KWB)

Abb. 3.20: Holzvergaser-Heizkessel (Grafik: Bosch Thermotechnik GmbH)

In die Brennräume passen, bei einem Füllvolumen von 140 bis 250 l, meist Holzscheite bis zu 50 cm Länge. Da die Wärme, die eine Kesselfüllung Holz während der
Abbrandzeit liefert, fast nie vollständig im Haus gebraucht wird, ist in jedem Fall ein

Pufferspeicher zu empfehlen, der die Überschusswärme speichert. Dadurch ist das Haus über einen längeren Zeitraum vollautomatisch temperierbar. Üblich sind Pufferspeicher mit mindestens 2.000 l Inhalt.

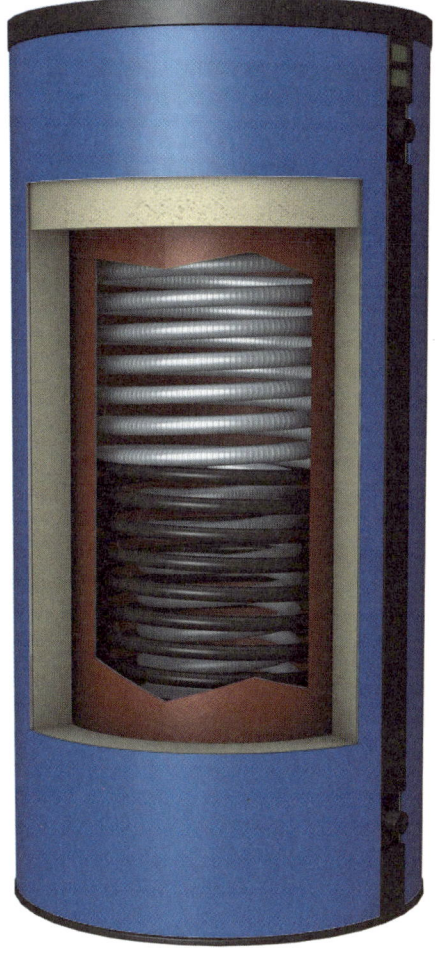

Abb. 3.21: Frischwasser-Kombi-speicher (Grafik: Bosch Thermo-technik GmbH)

Der Nachteil von Stückholzheizungen ist, dass ihre Bestückung viel Arbeit erfordert. Sie passen daher eher in ein Niedrigenergiehaus mit einem Holzumschlag unter vier Ster im Jahr. Da die Abbrandzeit maximal 12 Stunden beträgt, geht eine manuell bestückte Heizung bei längerer Abwesenheit aus. Seit einigen Jahren besteht jedoch die Möglichkeit, das Stückgut in einem Tank zu lagern, von dem sich die Stückgut-Heizung voll automatisiert mit Brennstoff versorgt. Aber die Installationskosten für eine solche Holzheizung sind erheblich höher als für eine Öl-, Gas- oder Pelletheizung. Deshalb ist sie erst ab einem Energiebedarf von mindestens 20 kW wirtschaftlich, obwohl die Stückholzheizung die Pelletheizung im Wirkungsgrad schlägt und die günstigsten Brennstoffkosten hat.

3.4   Kaminofen

Kaminöfen sorgen für behagliche Wärme und können in der Übergangszeit Wohnungen oder kleine Häuser problemlos heizen. Viele empfinden es als entspannend, die Flammen zu beobachten. Kaminöfen kosten erheblich weniger als offene Kamine oder Kachelöfen. Für den Anschluss an den Kamin reicht ein Ofenrohr. In der seit 2005 geltenden Norm DIN 18896 ist ein Wirkungsgrad von mindestens 70 % festgelegt worden. Außerdem enthält sie Grenzwerte für Kohlenmonoxid, Stickstoffoxide, Kohlenwasserstoffe und Staub. Alle in Deutschland verkauften Kaminöfen müssen diese Norm erfüllen.

Anforderungen an Kaminöfen

	Kohlenmonoxid (vol.- %)	Wirkungsgrad
DIN 18896	bis 0,3	mindestens 70 %
Stadt Stuttgart	bis 0,2	mindestens 70 %
Stadt Regensburg	bis 0,12	mindestens 70 %
Stadt München	bis 0,12	mindestens 70 %
DIN plus	bis 0,12	mindestens 75 %

Kaminöfen geben etwa eine halbe Stunde nach dem Anheizen angenehme Wärme ab. Ihr Metallkorpus erwärmt sich schnell und leitet die Wärme gut nach außen. Im Gegensatz zu einem Kachelofen kühlt ein Kaminofen aus Metall jedoch schnell wieder ab, wenn man aufhört zu heizen.
Einige Hersteller umhüllen deshalb ihre Modelle mit Stein, z. B. mit Keramik oder Speckstein, damit sie die Wärme länger speichern oder abgeben. Je schwerer der Ofen ist, desto besser speichert er die Wärme.
Ein Kaminofen stößt mehr Kohlenmonoxid aus als eine moderne Ölheizung, beim Schwefeldioxid schneidet er hingegen besser ab. Qualm, Gestank und unerwünschte Schadstoffe entstehen nur beim Verbrennen von zu feuchtem oder behandeltem Holz. Wenn naturbelassenes Holz verbrannt wird, können auch keine Dioxine entstehen.

Abb. 3.22: Kaminofen für Stückholz (Foto: Bausparkasse Schwäbisch Hall)

Abb. 3.23: Ein Kaminofen mit Specksteinhülle, der über einen Wasserwärmetauscher verfügt und an das Zentralheizungssystem angeschlossen wird; außerdem kann der Ofen seine Verbrennungsluft von außen zugeführt bekommen. Eine Thermoregelung mit automatischer Verbrennungsluftzufuhr sorgt für einen schadstoffarmen Abbrand. (Foto: Wodkte)

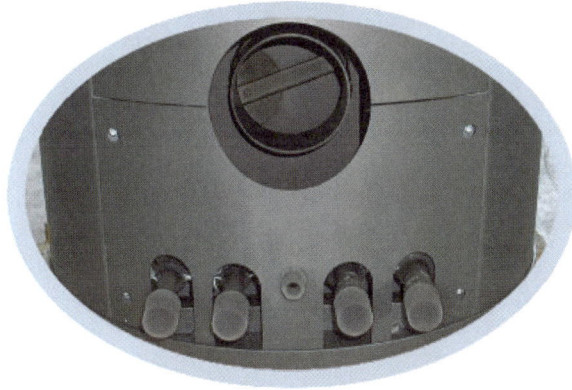

Abb. 3.24:
Die Anschlüsse für den
Kamin, Zuluft sowie Hei-
zungszu- und -rücklauf.
(Foto: Wodtke)

Wichtig bei luftdichten Häusern

Der falsche Betrieb eines Kaminofens in sehr luftdicht gebauten Niedrigenergiehäusern ist äußerst gefährlich. Da kaum Luft von außen in das Haus nachströmt, kann sich geruchloses, hochgiftiges Kohlenmonoxid in der Wohnungsluft anreichern. Schlimmstenfalls droht dann eine lebensbedrohende Kohlenmonoxidvergiftung.

Auch das Zusammenspiel einer Anlage zur kontrollierten Wohnungslüftung oder einer Dunstabzugshaube mit einem Kaminofen kann gefährlich werden. Wenn diese mehr Luft ableiten als von außen nachströmt, entsteht im Haus ein Unterdruck. Infolgedessen werden Kohlenmonoxid und andere Abgase in die Wohnung gesaugt und nicht mehr über den Schornstein abgeführt. Das kann allein ein für den „raumluftunabhängigen Betrieb" geeigneter Ofen verhindern, der über eine luftdichte Luftzufuhr von außen und besondere Türkonstruktionen und Türdichtungen verfügt. Zusätzlich garantieren üblicherweise Sensoren und Schalter, dass über ein geöffnetes Fenster genügend Frischluft für die Dunstabzugshaube nachströmt oder die Lüftungsanlage bei zu starkem Unterdruck abschaltet.

Abb. 3.25: Auch dieser Ofen gibt zum einen Wärme an den Aufstellraum ab. Der größte Teil der Wärme fließt jedoch in einen in den Zentralheizungskreis eingebundenen Pufferspeicher. (Foto: Wodtke)

Tipps für richtiges Heizen mit Holz

- Vor dem Einbau des Kaminofens den Schornsteinfeger fragen, wo der Ofen aufzustellen und anzuschließen ist. Er nimmt die Anlage schließlich ab.
- Die Werte für die Mindestabstände zur Wand und zur Seite stehen in den technischen Daten.
- Nach vorn und schräg zur Seite einen Radius von 80 bis 100 cm von brennbaren Gegenständen frei halten. Brennbaren Fußboden im Umkreis von etwa 1 m mit einer Bodenplatte aus Blech oder Glas abdecken.
- Vor dem Verbrennen soll Holz zwei bis drei Jahre lang luftig und vor Feuchtigkeit geschützt lagern.
- Nur naturbelassenes lufttrockenes Holz (nicht mehr als 20 % Feuchtigkeit) in Scheiten oder Stücken verwenden.
- Auf ausreichende Verbrennungszuluft achten: Beim Anheizen des Holzofens ist es wichtig, möglichst schnell hohe Temperaturen zu erreichen. Das gelingt mit handelsüblichen Holzanzündern und getrocknetem, dünn gespaltenem Holz am besten. Besonders in dieser Phase ist auf ausreichende Luftzufuhr zu achten. Sobald ausreichend Grundglut entstanden ist, können Sie größere Scheite nachlegen. Der Ofen darf jedoch nicht zu voll sein, da sonst die Holzverbrennung unvollständig abläuft und sich viele Schadstoffe bilden. Außerdem kann ein zu voll gepackter Ofen Schaden nehmen. Legen Sie besser häufiger kleine Mengen Holz nach. Grundsätzlich gilt: Die Luftzufuhr ist richtig eingestellt, wenn das Innere des Ofens hell und ohne schwarze Rußablagerungen bleibt. Eine gute und saubere Verbrennung hinterlässt nur feine, weiße Asche, keinen unverbrannten Brennstoff oder Rußpartikel.
- Weder Papier, Pappe noch behandeltes Holz im Ofen verbrennen. Dabei würden viele Schadstoffe frei werden.
- Bei unvollständiger Verbrennung kann Holzasche Krebs erzeugende aromatische Kohlenwasserstoffe enthalten. Vermeiden Sie es, Staub aufzuwirbeln oder die Asche zu berühren und entsorgen Sie sie im Hausmüll.
- Ofenanlage regelmäßig warten, spätestens vor Beginn der Heizperiode.

Die verschiedenen Hersteller verwenden für den Feuerraum z. B. Gusseisen, Keramik, Schamotte, Speckstein oder Stahl und für die äußere Verkleidung Guss, Glas, Naturstein, Keramik, Speckstein und Stahl. Sie bieten Öfen mit Nennleistungen zwischen 2 und 16 kW an. Die Preisspanne liegt zwischen 1.000 und 6.000 €. Hersteller sind z. B. Austroflamm, Buderus, Dovre, Energetec, Hagos, Hark, Hase, Krog Iversen, Max Blank, Olsberg, Niborg, Ivo, Tonwerk Lausen, Tulikivi, Wodtke.
Als Zusatzeinrichtungen verfügen einige Modelle z. B. über Luftbefeuchter, Backfach, Kochplatte oder einen Wärmetauscher.

3.5   Kachelofen

Kachelöfen verbreiten über ihre große Oberfläche angenehme Wärme im Raum. Besonders die traditionellen Grundöfen strahlen die Wärme vollständig über die mit Kacheln oder Putz verkleidete Hülle ab. Der Nachteil des Grundofens ist, dass er mehrere Stunden braucht, bis er Wärme liefert. Er hält die Wärme wegen seiner großen Speichermasse sehr lange und lässt sich schlecht regulieren.

Abb. 3.26: Wohnraum-ansicht eines Kachel-ofens, der von der Diele aus befeuert wird (Foto: Erich Keller)

Abb. 3.27: Von der Diele zugängliche Feueröffnung des Kachelofens (Foto: Erich Keller)

Warmluftkachelöfen, die einen Heizeinsatz aus Gusseisen haben, sind flexibler. Sie geben rund zwei Drittel ihrer Heizleistung als Warmluft ab. Für das Beheizen besonders gut gedämmter, luftdichter Häuser reagieren auch diese Öfen mit Gusseiseneinsatz zu träge.

Da außerdem die meisten Kachelöfen nur das Erdgeschoss heizen, werden sie oft nur als Zweitheizung zu besonderen Gelegenheiten angefeuert. Dabei können sie ein gut gedämmtes Niedrigenergiehaus leicht vollständig beheizen: Entweder wird über dem Heizeinsatz des Ofens ein wassergefüllter Aufsatz montiert, der von heißem Abgas durchströmt wird, oder der Heizeinsatz wird von einem zweiten Gehäuse umschlossen, durch das Heizwasser zirkuliert. Bei dieser Variante kann die Wärmeabgabe an den Raum über eine Luftklappe gesteuert werden, z. B. wenn nur warmes Wasser gebraucht wird.

Die Aufrüstung eines Kachelofens zum zentralen Heizgerät kostet ohne Montage etwa 1.500 €. Eine Umwälzpumpe befördert das erwärmte Wasser zu einem kombinierten Pufferspeicher für Heiz- und Warmwasser. Daraus werden dann die Heizkörper oder es wird die Flächenheizung versorgt. Im Sommer und in der Übergangszeit kann der Pufferspeicher auch von einer Solaranlage mit Wärme geladen werden.

Regelung

Das Regeln eines Kachelofens von Hand erfordert etwas Übung. Eine komfortable elektronische Ofensteuerung kostet etwa 750 € Aufpreis. Diese öffnet oder schließt, abhängig davon, in welcher Phase sich die Verbrennung befindet, über einen Stellmotor die Klappen für die Luftzufuhr. Wenn das Holz verbrannt ist, wird die Luftzufuhr automatisch geschlossen, damit der Ofen nicht auskühlt. Da die Elektronik stets die optimale Luftzufuhr einstellt, werden weniger Schadstoffe ausgestoßen. Es ist möglich, morgens einige Holzscheite aufzulegen und das Haus zu verlassen. Die Elektronik regelt dann alles Weitere.

Preise

Die Auswahl an Kachelöfen reicht vom einfachen verputzten Ofen bis zum Designerobjekt mit handgefertigten Kacheln. Entsprechend reicht die Preisspanne von 6.000 bis 25.000 €.

Checkliste Kachelofen:

- Ist der Boden tragfähig genug?
- Ist ein Schornstein mit passendem Querschnitt vorhanden?
- Haben Sie genügend Platz für die Holzlagerung?

Es gibt auch platzsparende Holzbriketts mit einem hohen Heizwert. Ein Raummeter trockenes Holz entspricht vom Energieinhalt etwa 210 l Heizöl. Die fertige Ofenanlage nimmt der Bezirksschornsteinfegemeister ab, bevor sie in Betrieb genommen werden kann.

4 Strom erzeugende Heizung, Kraft-Wärme-Kopplung

Eine ganze Reihe von Herstellern arbeitet an der nächsten Generation von Heizgeräten, die neben Wärme auch elektrische Energie erzeugen können. Neben den technisch ausgereiften Mini-Blockheizkraftwerken im Waschmaschinenformat, die für gut gedämmte Ein- bis Zweifamilienhäuser in der Regel zu groß dimensioniert sind, kommen zunehmend noch kleinere Mikro-Blockheizkraftwerke mit 1 bis 3 kW elektrischer Leistung auf den Markt.

Mit der dezentralen, gekoppelten Strom- und Wärmeerzeugung in einem Blockheizkraftwerk wird gegenüber der konventionellen Strom- und Wärmeversorgung aus Kraftwerken und Heizkesseln rund 35 % Primärenergie eingespart.

Abb. 4.1: Ein Braunkohlekraftwerk mit kaum übersehbarem Schadstoffausstoß, wie es vielfach in Osteuropa zu finden ist; konventionelle Großkraftwerke wandeln die eingesetzte Primärenergie nur zu 35 % bis 40 % in elektrische Energie um. Hinzu kommen die Leitungsverluste der Überlandleitungen. (Foto: BSW-Solar/Langrock)

Die 170-seitige Greenpeace-Studie „2.000 Megawatt – sauber!" aus dem Jahr 2005 stellt zentrale und dezentrale Stromversorgung gegenüber: d. h. die heute übliche mit Großkraftwerken einer technisch möglichen mit Kleinkraftwerken.

Das Ergebnis: Dezentral erzeugter Strom mit vielen kleinen verteilten Kraftwerken mit Wärmeauskopplung, mit solaren und geothermischen Kraftwerken, würde 800 % mehr und dauerhafte Arbeitsplätze im Energiebereich schaffen und 14 Millionen Tonnen CO_2 pro Jahr einsparen. Das wäre gegenüber heute eine Reduktion um 93 %.

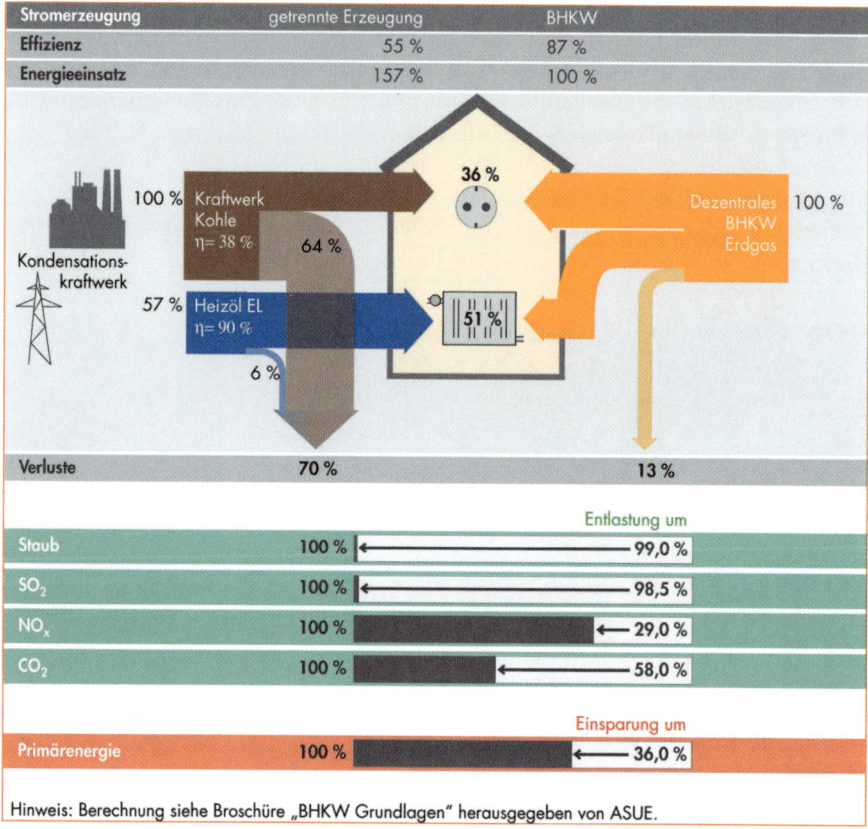

Abb. 4.2: Die Strom- und Wärmeproduktion mittels BHKW spart gegenüber der getrennten Strom- und Wärmeerzeugung mit konventionellem Kraftwerk und Ölheizung rund 36 % Primärenergie ein und setzt dabei 56 % weniger Kohlendioxid frei. (Grafik: ASUE)

Randnotiz

Dass die dezentrale Energieversorgung keine Utopie ist, haben die Bürger von Schönau bewiesen. 1997 haben sie das Ortsnetz des Schwarzwaldstädtchens nach einem erfolgreichen Bürgerbegehren gekauft. Spenden aus ganz Deutschland trugen dazu bei, den Kaufpreis an den bisherigen Energieversorger aufzubringen und die Elektrizitätswerke Schönau konnten gegründet werden. Diese fördern seither den Bau privater Kleinkraftwerke. Der liberalisierte Strommarkt ermöglicht es den Schönauer „Stromrebellen" mit ihrem Strom, der vollständig aus erneuerbaren Energien und durch Kraft-Wärme-Kopplung erzeugt wird, Kunden im ganzen Land zu beliefern. Zu den Großkunden gehört eine bekannte Schokoladenfabrik, die mehr Strom verbraucht als alle Schönauer zusammen.

In den Ländern Dänemark, Finnland und Niederlande liegt der Anteil der Kraft-Wärme-Kopplung an der Stromversorgung bei 35 % bis 50 %. Mit 12 % bleibt der KWK-Anteil in Deutschland weit hinter den technischen und wirtschaftlichen Möglichkeiten zurück, obwohl seit 1998 versucht wird, die Kraft-Wärme-Kopplung durch gesetzliche Bestimmungen zu fördern. Dazu sollen beitragen:

- Energiewirtschaftsgesetz (EnWG), öffnet die Strommärkte für Wettbewerber
- Ökosteuer, begünstigt das BHKW bei Energie- und Stromsteuer
- KWK-Gesetz, zeitlich begrenzte Zuschlagszahlungen für jede vom BHKW erzeugte Kilowattstunde Elektrizität
- Erneuerbare-Energien-Gesetz (EEG), Bonus von 3 Cent/kWh für mit Biomasse oder Biogas betriebene KWK-Anlagen und Technologiebonus von 2 Cent/kWh, wenn Gas aufbereitet wird, Trockenfermentation erfolgt oder Brennstoffzellen, ORC-Anlagen (Organic Rankine Cycle: organisches Arbeitsmedium bei Biomasse-KWK) oder Stirlingmotoren Strom gewinnen
- Erneuerbare-Energien-Wärmegesetz (EEWärmeG)
- Energiesparverordnung (EnEV)
- Treibhausgas-Emissionshandels-Gesetz (TEHG)
- TA Luft, enthält die Emissionsgrenzwerte für Stickoxid und Kohlenmonoxid für Motor-BHKW
- TA Lärm, enthält die Geräuschgrenzwerte für BHKW im Heizungskeller und im Außenbereich (kostengünstiger Schallschutz)
- EU-Richtlinien
- Förderprogramme, z. B. Zuschüsse im Rahmen des Impulsprogramms für Mini-KWK-Anlagen

Diese Fülle an Verordnungen macht es für die KWK-Anwender schwer, den Überblick zu behalten. Am übersichtlichsten wird es, wenn der gesamte Strom selbst verbraucht wird. In Abschnitt 4.2 finden Sie praktische Tipps dafür, sich mit einem
BHKW völlig unabhängig vom öffentlichen Stromnetz zu machen.

Den BHKW-Einsatz hemmt das aufwendige Verfahren zur Einholung von Genehmigungen. Oft ist auch bei kleinen Anlagen eine Baugenehmigung erforderlich.
Außerdem muss jeder Betreiber eines BHKW vor Inbetriebnahme eine Erlaubnis
des zuständigen Hauptzollamts zur Verwendung von steuerbegünstigtem Brennstoff
einholen. Die Energiesteuererstattung und die Befreiung von der Stromsteuer müssen beantragt werden. Eine Vielzahl von Auflagen, Formularen und Kontrollen wirkt
abschreckend auf künftige Betreiber. Aber der Aufwand lohnt sich: Ein Klein-BHKW
mit 5 kW elektrischer Leistung, das 6.000 Stunden im Jahr läuft, erspart dem Betreiber allein durch die Strom- und Energiesteuer 1300 €.

Auch der örtliche Stromerzeuger darf mitmischen: Er prüft, ob das BHKW der vom
Bundesverband der Energie- und Wasserwirtschaft (BDEW) erarbeiteten Richtlinie
für den Netzparallelbetrieb entspricht und ob es die ergänzenden Vorschriften des
lokalen Versorgers einhält, damit keine negativen Netzrückwirkungen vorkommen
können.

Auch noch wichtig: Der Betreiber muss nach dem KWK-Gesetz jährlich einen Antrag
beim Bundesamt für Wirtschaft und Ausfuhrkontrolle stellen, damit der Bonus von
5 Cent/kWh gezahlt wird.

4.1   Mini- und Mikro-Blockheizkraftwerke

4.1.1   Stand der BHKW-Technik

Antriebe

Das BHKW ist eine sogenannte Kraft-Wärme-Kopplungs-Anlage: Meist treibt ein
Verbrennungsmotor einen Generator an, der dann elektrische Energie erzeugt. Die
Abwärme aus dem Generator, dem Motorblock, dem Ölkühler und den Abgasen
geht nicht verloren, sondern dient der Wärmeversorgung. Dabei werden 80 % bis
95 % der im Brennstoff enthaltenen Primärenergie genutzt und der CO_2-Ausstoß
ist um fast die Hälfte geringer als bei getrennter Erzeugung von Strom und Wärme.
Gängige Brennstoffe sind Erdgas, Flüssiggas, Heizöl, Biodiesel (RME), Biogas oder
reines Pflanzenöl. Bei der Produktion von 1 kW Elektrizität gewinnt ein BHKW rund
2 kWh Heizenergie. Das Betriebsgeräusch entspricht dem eines älteren Ölbrenners:
56 Dezibel sind so laut wie ein in normaler Lautstärke geführtes Gespräch.

Abb. 4.3: Das Mini-BHKW „Dachs" von SenerTec wird von einem Einzylindermotor ange-
trieben (oben), etwa in der Bildmitte ist der zylinderförmige Generator; Leistung mit
Heizöl: 5,3 kW elektrisch und 10,5 kW thermisch. Es gibt auch Ausführungen, die mit
Rapsöl, Erdgas oder Flüssiggas betrieben werden können. (Grafik: SenerTec)

Neben den klassischen Verbrennungsmotoren sind auch *Stirlingmotoren* auf dem
Markt. Diese Motoren laufen, wenn ihnen von außen Energie in Form von Wärme
zugeführt wird. Dabei ist jede denkbare Wärmequelle nutzbar. Günstig für häusliche
Anwendungen ist, dass Stirlingmaschinen in Größe und Leistung kleiner gemacht
werden können als Verbrennungsmotoren, im Vergleich zu denen sie auch bessere
Abgaswerte haben und deutlich leiser sind.
Ein Stirlingmotor-BHKW unter den Mikro-BHKWs ist z. B. das „WhisperGen" mit
einer Leistung von 1 kW elektrisch und 7 bis 12 kW thermisch.

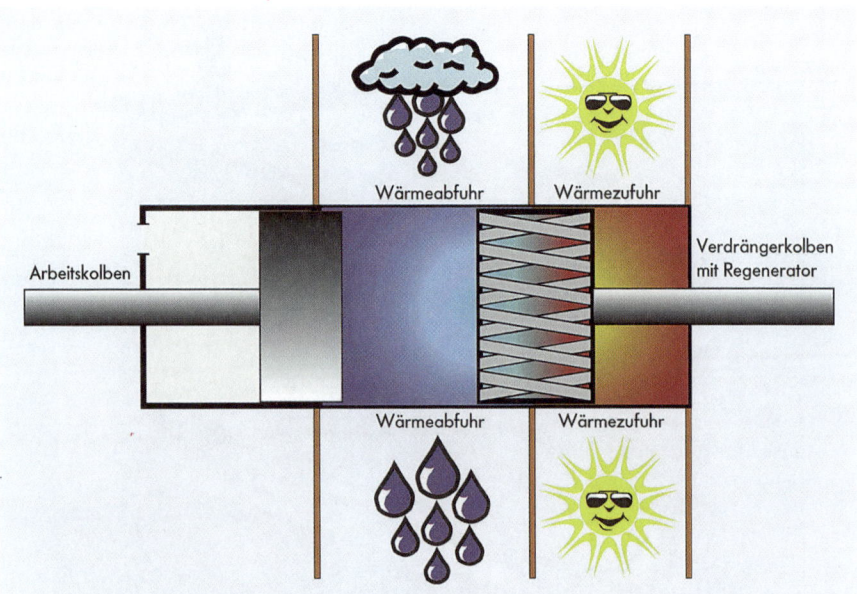

Abb. 4.4: Ein Stirlingmotor verbrennt seinen Treibstoff nicht explosionsartig im Zylinder, sondern mit einer kontinuierlichen Flamme außerhalb. Das im Zylinder eingeschlossene Gas wird in einem geschlossenen Kreislauf zyklisch von zwei Kolben (Arbeits- und Verdrängerkolben) zwischen einer heißen Stelle (Erhitzer) und einer kalten Stelle (Kühler) hin- und hergeschoben. Das aufgeheizte Gas dehnt sich aus, das abgekühlte zieht sich zusammen. Hierdurch steigt der Druck. Dieser Gasdruck wirkt über den Arbeitskolben auf den Kurbeltrieb. Die mechanische Energie kann durch zwei Elektrogeneratoren in elektrische Energie umgewandelt werden. Zwischen dem Erhitzerkopf und dem Kühler befindet sich der Regenerator, der dem Gas auf seinem Weg von der heißen zur kalten Seite Wärme entzieht und beim Zurückströmen wieder zuführt. Solche Motoren laufen mit fast jedem Brennstoff, sogar mit Abwärme, sie haben sehr hohe Wirkungsgrade und verschleißen weniger. Mit ihnen kann elektrische Energie emissionsarm erzeugt werden. (Grafik: ASUE)

Außerdem gibt es noch sogenannte *Lineargeneratoren*: Ein Gasbrenner erhitzt Wasser zu Dampf, der einen Doppelkolben antreibt. Der Dampf tritt wechselweise in die Arbeitszylinder ein, dehnt sich dort aus und erzeugt dabei Strom, indem er eine mit dem Doppelkolben fest verbundene Ankerspule durch ein starkes Magnetfeld treibt (Induktion). Der in der Spule erzeugte Wechselstrom wird gleichgerichtet und dann mittels Wechselrichter im Haus verbraucht. Überschüssiger Strom wird in das öffentliche Netz eingespeist. Die dabei anfallende Wärme gelangt über einen Plattenwärmetauscher in die Kreisläufe für Heizung und Warmwasser.

Abb. 4.5: Der Lion-Powerblock ist ein Mikro-BHKW, das die Dampfexpansion als Antrieb nutzt; Leistung: 0,3 bis 3 kW elektrisch und 3,5 bis 16 kW thermisch (Foto: Otag)

Die *Brennstoffzelle* befindet sich als vierte vielversprechende Technik noch im Versuchsstadium. Seit Jahren laufen bereits Feldtests. Sie funktioniert folgendermaßen: Bei der Elektrolyse zerlegt Gleichstrom Wasser in seine Elemente Sauerstoff und Wasserstoff. Ein kleiner Zündfunke genügt, und dieses Gasgemisch verbindet sich mit lautem Knall schlagartig wieder zu Wasser. Auch in der Brennstoffzelle verbinden sich Wasserstoff und Sauerstoff zu Wasser – jedoch langsam und kontrolliert. Die Zelle besteht aus:

- Anode: Hier wird wasserstoffreicher Brennstoff, z. B. aufbereitetes Erdgas, herangeführt.
- Kathode: Dorthin wird Sauerstoff in Form von Luft geleitet.
- Elektrolyt: Trennt die beiden Elektroden und verhindert damit, dass sich Wasserstoff und Sauerstoff zu Knallgas vermischen.

Die Elektroden regen eine kontrollierte elektrochemische Reaktion zwischen Wasserstoffionen aus dem Brennstoff und der Luft zu Wasser an. Dabei kommt es zur Ladungstrennung, wie bei einer Batterie. In einem elektrischen Leiter, der die beiden Elektroden miteinander verbindet, entsteht so Gleichstrom. Außerdem wird gleichzeitig bei der chemischen Reaktion Wärme frei: Die Brennstoffzelle ist eine Form der Kraft-Wärme-Kopplung.

Der Elektrolyt bestimmt die Betriebstemperatur und gibt der Brennstoffzelle ihren Namen. Für Hausenergieanlagen eignen sich zwei Typen besonders:

Die Polymer-Elektrolyt-Membran-Brennstoffzelle (PEFC) arbeitet mit reinem Wasserstoff bei Reaktionstemperaturen um 90 °C. In der Regel löst ein Reformer vor Ort den Wasserstoffanteil aus Erdgas und beigemischtem Wasserdampf heraus. Die Festoxid-Brennstoffzelle (SOFC) ist weniger anspruchsvoll hinsichtlich der Brennstoffqualität und kann Erdgas bei etwa 900 °C verarbeiten. Um eine möglichst kompakte Anordnung zu erreichen, werden die Zellen sandwichartig in einem Stapel (Stack) übereinander angeordnet.

Pflanzenöl

Es ist technisch kein Problem, unbehandeltes Pflanzenöl als Brennstoff zu verwenden. Im Prinzip kann jeder Dieselmotor, der ein BHKW antreibt, auf Pflanzenölbetrieb umgerüstet werden. Das macht z. B. die Firma Elsbett im mittelfränkischen Thalmässing. Wenn Sie ein solches BHKW mit großem Pufferspeicher dann noch mit einer thermischen Solaranlage kombinieren, haben Sie die komplette Hausversorgung mit erneuerbaren Energien.

Einige Hersteller bieten bereits in Serie hergestellte, mit Pflanzenöl betriebene Blockheizkraftwerke an, z. B. die Firma Raptor, die für weniger als 11.000 € plus Mehrwertsteuer ein Pflanzenöl-BHKW mit 3 bis 7 kW elektrischer und 6 bis 14 kW thermischer Leistung anbietet, das zwischen 1,3 und 2,9 l Pflanzenöl pro Stunde verbraucht. Ein weiterer Hersteller von Pflanzenöl-Blockheizkraftwerken ist KW Energie Technik, die 1995 von Konrad Weigel gegründet wurde, nachdem er 15 Jahre lang bei der Firma Elsbett-Konstruktion gearbeitet hatte.

Die Wartungsintervalle sind bei Pflanzenölbetrieb etwa 10 % kürzer als bei Diesel. Nach der umstrittenen Einführung einer Energiesteuer auf Pflanzenöl kostet es inzwischen mehr als Heizöl. Im Internet finden Sie die aktuellen Preise nach Regionen unter www.oelbestellung.de.

4.1.2   Einsatzfelder und Anlagenkonzepte

Verschiedene Hersteller bieten heute Kleinanlagen an, die auch für kleinere Wohnobjekte geeignet sind. Da ein Klein-BHKW teurer als ein konventioneller Heizkessel und der Planungsaufwand höher ist, muss die BHKW-Anlage mindestens 3.000 bis 3.500 Stunden im Jahr in Betrieb sein. Dann amortisieren sich die Anschaffungskosten von etwa 15.000 € in etwa zehn Jahren über die Wärme- und Stromgewinnung. Voraussetzung für die maximale Förderung aus dem Impuls-Förderprogramm für Mini-BHKWs sind jedoch 5.000 Betriebsstunden im Jahr. Kommen diese nicht zusammen, wird die Förderung entsprechend anteilig gekürzt.

Am wirtschaftlichsten arbeiten Blockheizkraftwerke dort, wo über das ganze Jahr ein ausreichender Wärmebedarf besteht und gleichzeitig viel von dem erzeugten Strom verbraucht wird. Für den restlichen Strom zahlen die Energieversorger eine Einspeisevergütung, deren Mindesthöhe gesetzlich geregelt ist.

Besonders geeignet ist ein BHKW für:

- Handwerksbetriebe wie Schlachtereien und Tischlereien
- in Verbindung mit Kraft-Wärme-Kälte-Kopplung klimatisierte Gebäude
- Häuser mit beheiztem Schwimmbad
- in einem Nahwärmenetz zusammengefasste Wohnhäuser

Abb. 4.6: Einbindung eines Blockheizkraftwerks in das Strom- und Heizungsnetz (Grafik: SenerTec)

Wenn im Sommer die Warmwasserbereitung die einzige Wärmenutzung im Einfamilienhaus ist, taktet das dann überdimensionierte Blockheizkraftwerk häufig, was

auf Kosten der Lebensdauer des Motors geht. Eine gute und wesentlich wirtschaftliche Alternative ist, dass mehrere Hausbesitzer eine gemeinsame Heizzentrale nutzen.

Ein Beispiel sind vier Doppelhaushälften in Talheim bei Heilbronn, die von einer
gemeinsamen Heizzentrale mit Strom und Wärme versorgt werden, die sich in der
gemeinsamen Tiefgarage befindet. Dort erzeugt ein BHKW mit 5,5 kW elektrischer
Leistung und 12,5 kW thermischer Leistung die Wärme für 560 m² Wohnfläche. Es
kommt ohne zusätzlichen Spitzenlastheizkessel aus.

Außerdem hat die Heizungsbaufirma einen 1.000-Liter-Pufferspeicher mit integrier-
ter Warmwasserbereitung installiert. Durch die nachgeschaltete Brennwerttechnik
beträgt die Abgastemperatur nur 50 °C und statt eines Kamins genügt eine Kunst-
stoff-Abgasleitung.

Auch die Versorgungsanschlüsse für Strom und Gas liegen in der gemeinsamen Heizzentrale. Da die vier Häuser über einen gemeinsamen Gas- und Stromanschluss mit
dem Energieversorger abrechnen, sparten die Eigentümer über 10.000 € Anschluss-
kosten. Der Strom- und Wärmeverbrauch der Eigentümer und Mieter wird über
eigene Wärmemengen- und Stromzähler untereinander abgerechnet. Sie sind von
der Öko- und Mineralölsteuer für Strom und Gas befreit und erhalten für nicht
selbst verbrauchten Strom eine Einspeisevergütung. Näheres dazu finden Sie im folgenden Abschnitt „Wirtschaftlichkeit“. Der selbst erzeugte Strom kostet 11,8 Cent
pro kWh. Außerdem sind die Betreiber von der Mineralöl- und Stromsteuer befreit.
Das BHKW läuft rund 5.000 Stunden im Jahr.

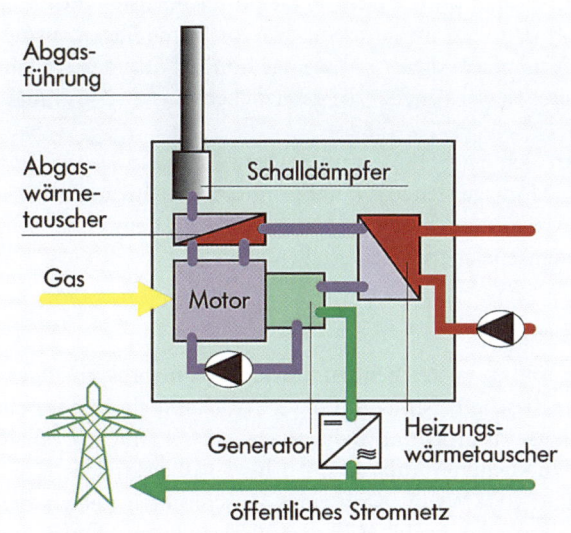

Abb. 4.7: Schema der
BHKW-Netzkopplung
(Grafik: ASUE)

Hinweis

Diese günstige Regelung, dass ein Blockheizkraftwerk mehrere Parteien mit Strom und Wärme versorgen „darf", gilt erst seit Kurzem. Zuvor musste jeder Hauseigentümer einen eigenen Stromanschluss haben und BHKW-Betreiber mussten ihren Strom entweder selbst verbrauchen oder in das Netz des Energieversorgers einspeisen.

BHKW fürs Mehrfamilienhaus

Beim BHKW für das Mehrfamilienhaus rät BHKW-Experte Wolfgang Suttor, folgende Regeln zu beachten:

- Die Bewohner oder Nutzer des Mehrfamilienhauses beziehen ihren Strom vom BHKW-Betreiber. Das kann die Wohnungseigentümergemeinschaft oder eine Mieter-GbR sein. Wenn der Strom aus dem BHKW nicht genügt, wird aus dem Netz zugekauft. Wird mehr produziert als verbraucht, speist das BHKW den Überschuss in das Stromnetz ein. Dies erfolgt über einen Stromzähler. Diese Vorgehensweise ist durch einen Beschluss der Bundesnetzagentur abgesichert. Die Stromverbraucher merken nichts davon. Wichtig ist dabei, dass technisch garantiert wird, dass jeder Bewohner seinen Stromanbieter frei wählen kann. In der Regel werden sich die Mieter oder Eigentümer für den kostengünstigeren Strom vom BHKW entscheiden.
- Das BHKW fährt in der Grundlast und erreicht so die für die höchste Förderung notwendigen 5.000 Betriebsstunden im Jahr. Nur an sehr kalten Tagen springt ein weiterer Wärmeerzeuger ein. Da dieser nur wenige hundert Stunden im Jahr läuft, kann das auch ein alter Kessel sein, der die gesetzlichen Grenzwerte einhält.

Im Mehrfamilienhaus rentiert sich ein BHKW immer. Dem Anschaffungspreis von rund 27.000 € einschließlich Montage stehen ein hoher Absatz von Strom zu günstigen Preisen und eine hohe Wärmeabnahme gegenüber. Wichtig ist ein Pufferspeicher, der die Wärme aufnehmen, speichern und verteilen kann.

BHKW fürs Einfamilienhaus

Die heute bereits bewährten und in ausreichenden Stückzahlen lieferbaren Blockheizkraftwerke haben eine elektrische Leistung um die 5 kW. Damit sind sie für ein gut gedämmtes Einfamilienhaus zu groß und daher nicht wirtschaftlich. Deshalb geht die Entwicklung weiter zu kleineren Anlagen mit 1 bis 3 kW elektrischer Leistung. Leider haben diese Mikro-BHKWs oft noch einen zu schlechten elektrischen Wirkungsgrad, eine schlechte Stromkennzahl (Verhältnis der erzeugten elektrischen zur thermischen Energie), sind noch nicht ausgereift und am Markt kaum verfügbar. Ein Servicenetz muss noch aufgebaut werden. Außerdem sind Mikro-BHKWs bei Preisen bis zu 20.000 € für ein Einfamilienhaus kaum wirtschaftlich.

Tipp

Wenn Sie sich für ein Klein-BHKW interessieren, sollten Sie die Ergebnisse der Feldtests verschiedener Energieversorger und Hersteller (z. B. MVV, Vaillant) verfolgen und entsprechende Vergleichstests zurate ziehen. Das Angebot der verfügbaren Blockheizkraftwerke mit kleiner Leistung, die sich für Einfamilienhäuser eignen, steigt derzeit stark an.

Der BHKW-Betreiber, der seinen Strom vor allem selbst nutzt, steht wirtschaftlich besser da, als wenn er ihn verkauft. Der ins Netz eingespeiste Strom wird mit etwa 6 bis 7 Cent/kWh vergütet, abhängig vom üblichen Preis an der Strombörse. Für den vermiedenen Strombezug lässt sich dagegen der Einkaufspreis von um die 20 Cent ansetzen. Hinzu kommt in beiden Fällen der KWK-Bonus von 5,11 Cent pro kWh. Folglich ist selbst genutzter Strom etwa doppelt so viel wert wie eingespeister.

KWK-Strom aus erneuerbarer Energie (Biogas, Pellets) wird mit über 20 Cent/kWh vergütet (kein KWK-Bonus) und wird deshalb in der Regel vollständig ins Netz eingespeist.

Da in Einfamilienhäusern Strom und Wärme selten gleichzeitig gebraucht werden, empfiehlt es sich, das BHKW wärmegeführt zu betreiben. Wenn durch einen Pufferspeicher die Wärmeproduktion zeitlich vom Wärmebedarf entkoppelt werden kann, ist es teilweise möglich, die Ladezeit des Pufferspeichers in eine Zeit mit hohem Stromverbrauch zu verlegen. Dazu müssten jedoch die Wärme- und Strombedarfskurven bekannt sein. Wenn keine Messwerte vorliegen, hilft dabei die VDI-Richtlinie 4655 „Referenzlastprofile von Ein- und Mehrfamilienhäusern für den Einsatz von KWK-Anlagen" weiter. In den Verbrauchsspitzen – morgens beim Kaffeekochen, mittags und am frühen Abend – decken sich Strom- und Wärmebedarf üblicherweise. Grundsätzlich gilt: Je höher der jährliche Heizwärmebedarf und je größer der Pufferspeicher ist, desto mehr Eigenstrombedarf lässt sich decken.

Zuverlässige Stromversorgung

Wenn Sie ein niedrigenergiefähiges BHKW erwerben, sichern Sie sich einen wesentlichen Vorteil: Sie haben dann ein eigenes, vom Netz des Energieversorgers unabhängiges kleines Kraftwerk, das auch im Fall eines Stromausfalls weiter Strom und Wärme liefert. Ein Heizkessel oder eine Wärmepumpe fällt dann einfach aus.

Ein paar Beispiele aus einer langen Liste von Stromausfällen der letzten Jahre weltweit: Als 1998 die Energieversorger in Kanada in einer Kälteperiode wochenlang keinen Strom liefern konnten, weil die Überlandleitungen nach Eisregen serienweise unter ihrer Eislast brachen, war das für viele Kunden sehr unbequem bis bedrohlich. Das Gleiche passierte im Winter 2007 im mittleren Westen der USA.

2003 brach in Italien das überlastete Stromnetz mehrmals tagelang vollständig zusammen. Spätestens Ende 2006 zeigte sich, dass auch das bisher im Großen und Ganzen zuverlässige deutsche Stromnetz an seine Grenzen stößt: Das planmäßige Abschalten einer einzigen Hochspannungsleitung über die Ems hatte andere Netzkomponenten überlastet, was im Dominoeffekt zu Notabschaltungen führte: Millionen von Kunden in Westeuropa hatten für annähernd zwei Stunden keinen Strom. Der Liberalisierung des europäischen Strommarkts und der zunehmenden Einspeisung von Strom aus erneuerbaren Energien ist das deutsche Stromnetz nicht mehr gewachsen. Außerdem haben die Investitionen in die deutsche Stromversorgung seit den 80er-Jahren um etwa 40 % abgenommen, kritisiert der Verband der Elektroindustrie. Z. B. sind Tausende Strommasten versprödet, die vor 1970 aufgestellt wurden. Der erste brach bereits im November 2005 im Münsterland zusammen. Da die EU damit droht, den großen Stromkonzernen ihre Netze wegzunehmen, ist es nicht weiter erstaunlich, dass diese sich bei langfristigen Investitionen zurückhalten.

Wenn die Deutschen mehr dezentral erzeugten Strom in das Netz einspeisen wollen, müssen sie ihr Stromnetz komplett neu organisieren, d. h. weg vom heutigen Verteilnetz mit wenigen Großkraftwerken, hin zum intelligenten Austauschnetz mit sehr vielen kleinen Stromerzeugern. Sogar wenn sie mit fossilen Brennstoffen betrieben werden, ist die Ökobilanz von Blockheizkraftwerken besser als die von Photovoltaik-Anlagen, besagt eine Studie des Darmstädter Öko-Instituts.

4.1.3   BHKW-Wirtschaftlichkeit

Bei der Wirtschaftlichkeit spielen der elektrische Wirkungsgrad und die Wartungsintervalle eine entscheidende Rolle. Eine Wartung kostet im Durchschnitt etwa 350 €. Z. B. muss der Dachs von SenerTec bei Gasbetrieb nur alle 3.500 Betriebsstunden gewartet werden – übertragen auf ein Auto wären das alle 175.000 Kilometer. Mit Heizöl betriebene Blockheizkraftwerke haben kürzere Wartungsintervalle als mit Gas betriebene.

Diejenige Maschine ist die wirtschaftlichste, die den besten elektrischen Wirkungsgrad hat und damit pro Brennstoffeinheit den meisten Strom produziert.

Die folgenden Werte entstammen Firmenprospekten:

Fabrikat	ecopower	steamcell	microgen	Dachs	Solo Stirling	Sunmachine
Brennstoff	Gas	Gas	Gas	Gas/Öl	Gas	Pellets
Elektrische Leistung kW	4,7	4,6	1,0	5,5	9,5	3,0
Thermische Leistung kW	12,5	22,0	15,0	12,5	26,0	10,5
Elektrischer Wirkungsgrad	25 %	16 %	4 %	27 %	24 %	20 %
Thermischer Wirkungsgrad	66 %	79 %	67 %	61 %	65 %	70 %

Gas: Erdgas oder Flüssiggas
Öl: Pflanzenöl oder Heizöl

Der österreichische Hersteller der mit einem Stirlingmotor angetriebenen Sunmachine gibt als Wartungsintervall enorme 80.000 Betriebsstunden an. Das BHKW ist jedoch mit 30.000 € auch besonders teuer. Die Firma Solo, die auch ein Stirlingmotor-BHKW angeboten hat, ist insolvent. Alle ihre Rechte und Patente hat die im schweizerischen Schaffhausen ansässige Stirling Systems AG übernommen. Bei der Auswahl des Herstellers ist folglich große Vorsicht geboten. Wenn er plötzlich vom Markt verschwindet, haben Sie wahrscheinlich ein Garantie- und Service-Problem.

Investitionskosten

Das Beispiel des Dachs von SenerTec zeigt, welche Kosten neben denen für die Anschaffung der Heizkraftanlage noch anfallen. SenerTec ist Marktführer mit bisher rund 23.000 verkauften Mini-Blockheizkraftwerken. Die Maschine hat die Größe einer Waschmaschine, ist 500 kg schwer und hat eine Lebensdauer von etwa 20 Jahren.

Posten	Preis in € ohne Mehrwertsteuer
Anschlussfertige BHKW-Anlage	um 15.000 €, je nach Brennstoffart
Wärmespeicher	1.117 bis 1.568 €, größenabhängig
Warmwasserspeicher 200 l	684 €
Warmwassermodul, Prinzip Durchlauferhitzer	1.574 €
Abgaswärmenutzung (Brennwerteffekt)	1.329 €
Heizkreisverteilung	350 bis 850 €
Montage/Einbindung Heizung	3.000 bis 4.800 €
Anschluss an das Hausnetz (Strom)	600 €
Nachheizsystem Strom	550 €
Nachheizsystem Gas	2.900 €
Antragsverfahren	ab 350 €
Fracht und Aufstellung	250 bis 550 €, aufwandsabhängig
Inbetriebnahme und Einweisung	680 €

Insgesamt kommen folglich je nach Anzahl der gewünschten Zusatzmodule mindestens 23.000 € plus Mehrwertsteuer zusammen. Der Dachs ist qualitativ gesehen „der Mercedes" unter den Klein-Blockheizkraftwerken.

Es gibt drei mögliche Betriebsarten oder Ausführungen von Blockheizkraftwerken:

- Netzparallelbetrieb: Das BHKW kann ausschließlich parallel zum öffentlichen Stromnetz betrieben werden. Ein Inselbetrieb bei Netzausfall ist nicht möglich.
- Netzparallelbetrieb mit Notstromfunktion: Das BHKW sichert auch bei Netzausfall die Stromversorgung. Die Umschaltung erfolgt automatisch.
- Inselbetrieb: Das BHKW kommt dort zum Einsatz, wo kein Anschluss an das öffentliche Stromnetz vorhanden ist.

Förderung und Vergütung

Für Mini-BHKW-Anlagen bis 50 kW elektrischer Leistung gibt es einen Investitionszuschuss.

Förderbeispiel

Für die Beheizung eines Objekts mit 200 m² ist der Einbau einer KWK-Anlage mit einer elektrischen Leistung von 4,6 kW und einer thermischen Leistung von 10 kW geplant. Der Anlagentyp erfüllt die Voraussetzung für den Umweltbonus. Eine Liste der förderfähigen Anlagen finden Sie auf der Internetseite des Bundesamts für Wirtschaft und Ausfuhrkontrolle *www.bafa.de* (Energie/Kraft-Wärme-Kopplung).

Angenommen, das BHKW würde aufgrund des errechneten Wärmebedarfs durchschnittlich 2.800 Vollbenutzungsstunden (Vbh) im Jahr laufen, errechnet sich der Zuschussbetrag folgendermaßen:

für die ersten 4 kWel
Z1 = 4 x 1.550 € = 6.200 €

für 4 bis 4,6 kWel
Z2 = 0,6 x 775 € = 465 €

zuzüglich Umweltbonus
U = 4,6 x 100 € = 460 €

Zwischensumme ZS = Z1 + Z2 + U = 7.125 €
Da die Anlage anstatt der maximal 5.000 Vbh auf 2.800 Vbh projektiert ist, wird der Zuschussbetrag anteilmäßig gekürzt.

ZB = 2,8 x 7.125 € / 5 = 3.990 €

Der Zuschuss kann nur beim BAFA mit dem BAFA-Antragsformular, das auf der oben genannten Internetseite zu finden ist, beantragt werden. Die Anlage muss spätestens 3 Monate nach Erhalt des BAFA-Zuwendungsbescheids installiert und in Betrieb genommen werden.
Die Höhe der Einspeisevergütung setzt sich folgendermaßen zusammen:

- 5,11 ct/kWh KWK-Zuschlag für Anlagen bis 50 kW, die bis zum 31.12.2016 in Betrieb gehen (maximal 10 geförderte Betriebsjahre)
- Quartalspreis des an der Leipziger Strombörse gehandelten Baseload-Stroms, Beispiel: Im 2. Quartal 2009 wurde der Quartalspreis des 1. Quartals 2009 erstattet, dieser Durchschnittswert betrug 4,35 ct/kWh.
- plus 0,89 ct/kWh vermiedene Netzkosten.

BHKW-Betreiber sind von der Mineralöl- und Stromsteuer befreit. Nach dem Ökostromgesetz erhalten Betreiber von Maschinen, die mit Biomasse oder Pflanzenöl laufen, 15,65 ct/kWh.
BHKW-Anlagen sind besonders wirtschaftlich, wenn ein großer Teil des erzeugten Stroms zur Deckung des eigenen Strombedarfs nutzbar ist. Technisch möglich ist auch die Umwandlung überschüssigen Stroms in Wärme mithilfe einer Wärmepumpe.

Tipp

Im Internet finden Sie zahlreiche Programme, mit denen sich die Wirtschaftlichkeit eines BHKW abschätzen lässt (z. B. *bhkwcheck.energieverbraucher.de* oder *www.kwk-check.de*). Der Service kostet für ein Wohnhaus bis 500 m² Wohnfläche 50 €.

4.1.4 BHKW-Planung

Die Strom erzeugende Heizung mittels Mini- und Mikro-BHKW ist eine besondere Herausforderung für Planer und ausführende Firmen. Denn neben den gesetzlichen und verordnungspolitischen Rahmenbedingungen beinhaltet eine solche Planung auch Tariffragen, Genehmigungen sowie die elektrische, hydraulische und reglungstechnische Einbindung der KWK-Geräte. Experten empfehlen, einen Pufferspeicher mit mindestens 1.000 l in die Anlage einzubinden.

Einbindung

Die Arbeitsgemeinschaft für sparsamen und umweltfreundlichen Energieverbrauch (ASUE) rät, bei der Einbindung eines BHKW in das Wasserleitungssystem zur Wärmeübertragung Folgendes zu beachten:

- Damit das BHKW hohe Laufzeiten (mindestens 4.000 Betriebsstunden) erreicht, sollte es mindestens ein Drittel der benötigten Gesamtwärmeleistung abdecken.
- Die Vorlauftemperatur des Blockheizkraftwerks, d. h. die Temperatur des Wassers beim Verlassen des BHKW, sollte möglichst hoch sein (80 °C bis 90 °C), damit durch hohe Temperaturdifferenzen eine gute Wärmeübertragung erfolgen kann.
- Bei der Kombination mit Brennwertkesseln lautet die Empfehlung, das BHKW parallel zum Heizkessel zu installieren und nicht in Serie davor. Bei zu hohen Vorlauftemperaturen des Brennwertkessels würde andernfalls der Brennwerteffekt nicht mehr vollständig genutzt werden.
- Die Rücklauftemperatur, d. h. die Temperatur des Wassers beim Eintritt in das BHKW, darf nicht über dem vom Hersteller angegebenen Maximalwert (z. B. 70 °C) liegen, da andernfalls mit einem häufigen Takten des BHKW und Störungen zu rechnen ist. Ein BHKW sollte in Fließrichtung nicht hinter einen Kessel geschaltet werden.

BHKW-Hersteller stellen in ihren Planungsunterlagen beispielhaft Einbindungsmöglichkeiten vor. Sofern ein hydraulisch gut ausgelegtes und abgeglichenes Heizungssystem vorhanden ist, das fachmännisch installiert wurde, sind bei der Einbindung eines BHKW keine Probleme zu erwarten. Aber die nachfolgenden Punkte sind besonders beachtenswert:

- Die Nennspreizung der Heizkreise muss so ausgelegt sein, dass die Rücklauftemperaturen nicht über 70 °C liegen. Das kann z. B. durch einen Rücklauftemperaturbegrenzer oder elektronisch geregelte Heizkreispumpen sichergestellt werden.
- Ein hydraulischer Abgleich ist vorzunehmen (s. Kapitel 7).
- Beim Einsatz von Kesselpumpen gilt: Sie müssen einen relativ hohen Volumenstrom bei geringem Druckverlust erzeugen. Deshalb ist eventuell eine hydraulische Weiche einzubauen. Andernfalls könnte die Kesselpumpe einen zu hohen Druck in den Heizkreisen aufbauen, was dazu führen kann, dass die Thermostatventile aufgedrückt werden und nicht mehr richtig arbeiten.

Wenn eine hydraulische Weiche eingebaut wird, ist sicherzustellen, dass Wasser aus dem Vorlauf nicht direkt in den Rücklauf gelangt, was zum Takten des BHKW führen würde.

Oft dient ein Pufferspeicher als hydraulische Weiche. Er macht es möglich, dass Strom erzeugt wird, auch wenn keine Wärme benötigt wird. Wenn kein Pufferspeicher vorhanden ist, kann das BHKW nur dann laufen, wenn gleichzeitig Strom und Wärme benötigt werden.

Ein Servicevertrag für ein BHKW kostet je nach Stromerzeugungsmenge oder Betriebsstunden bis zu 1.500 € pro Jahr. Die eigentlichen Serviceleistungen am BHKW kosten, einzeln beauftragt, weniger als 500 € pro Jahr.

Verträge

Bei mehreren Projektbeteiligten ist zuerst eine Betreiber- oder Nutzergemeinschaft zu organisieren. Diese muss einen Einspeisevertrag mit dem Netzbetreiber, Stromlieferverträge mit den Nutzern und einen Stromliefervertrag mit einem beliebigen Stromversorger abschließen. Hierbei ist Durchsetzungsvermögen erforderlich, denn BHKW-Betreiber konkurrieren mit den angestammten, auf Gewinnmaximierung fixierten Stromversorgern.

Contracting

Der Energieversorger Eon/Ruhrgas will SHK-Handwerkern das Kooperationsmodell „Mini- oder Mikro-KWK-Contracting" anbieten, das auf standardisierten Verträgen, einem Leistungsverzeichnis nach dem Baukastenprinzip und einem modularen Systemangebot basiert. Der Kunde soll ein „Rundum-sorglos-Paket" bekommen, das zusätzlich zum Wärmepreis nur etwa 50 Cent pro Tag mehr kostet als die Eigenfinanzierung oder der Eigenbetrieb.

4.2   Konzept einer autarken Installation

Zentralheizung, zentrale Warmwasserbereitung und zentrale Stromversorgung mögen zwar bequem sein, aber sie machen auch vollständig abhängig von den großen Energiekonzernen. Es gibt aber auch ein in der Praxis bewährtes Konzept, ein Wohnhaus völlig losgelöst vom zentralen Netz mit Energie zu versorgen.

Bei Neubauten lassen sich sogar die Stromanschlusskosten einsparen, und der Energieversorger ist verpflichtet auf dem Grundstück befindliche Freileitungen oder Masten sofort zu entfernen, wenn der Bauherr kein Stromkunde wird (nach § 8, Abs. 1 der AV-BeltV). Das erhöht in jedem Fall den Wert des Grundstücks.

Der Strom- und Warmwasserbedarf wird im Sommer allein durch Sonnenkollektoren und eine Photovoltaik-Anlage (Insellösung mit Wechselrichtern und Batterien) gedeckt. Gekocht wird auf einem Holzkoch- oder einem Propangasherd. Im Winter kommen Mini-BHKW sowie Holz- und Gasöfen entsprechend dem tatsächlichen Bedarf zum Einsatz. Mithilfe von Thermostatschalter, Strommessrelais und einer Zeitschaltuhr kann das auch automatisiert werden. Der Grundgedanke ist, dass elektrische und thermische Energie von verschiedenen Quellen geliefert werden, die möglichst wenig voneinander abhängen und möglichst selbstständig arbeiten.

5 Wärmepumpenheizung

5.1 Funktion

Eine Wärmepumpe arbeitet prinzipiell mit den gleichen Komponenten wie ein Kühlschrank – nur in umgekehrter Richtung. Der Kühlschrank entzieht Lebensmitteln Wärme, die er über Lamellen an seiner Rückseite an den Raum abgibt. Die Wärmepumpe entzieht der Umwelt Wärme, die sie an das Heizungswasser abgibt:

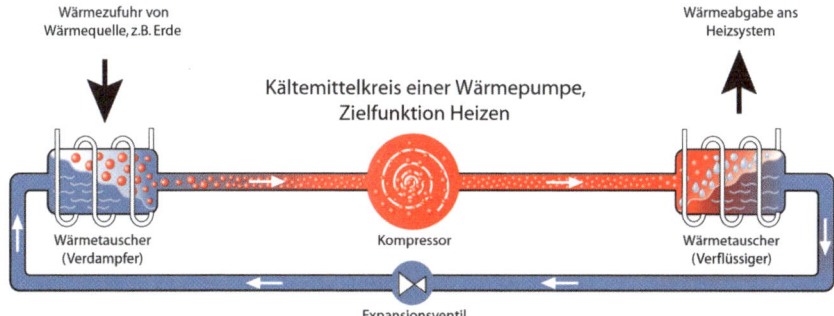

Abb. 5.1: Kältemittelkreis einer Wärmepumpe (Grafik: Junkers)

Mithilfe der im Erdreich, in Wasser oder der in der Umgebungsluft als Wärme gespeicherten Sonnenenergie verdampft in einem *Wärmetauscher (Verdampfer)* ein flüssiges, bei niedriger Temperatur weit unter 0 °C siedendes und verdampfendes Arbeitsmittel (auch Kältemittel genannt), z. B. Propan. Ein *Verdichter* bringt dieses Gas anschließend auf einen höheren Druck und somit auf höhere Temperatur. Dazu benötigt er Energie, die entweder ein Elektro-, Gas- oder ein Dieselmotor liefert. Die elektrisch angetriebene Kompressionswärmepumpe ist derzeit mit Abstand am weitesten verbreitet. Sie liefert Wärme ohne Verbrennung:

In einem zweiten *Wärmetauscher (Verflüssiger)* gibt das Arbeitsmittel Wärme an eine Raumheizung ab und kondensiert dabei teilweise. Ein nachgeschaltetes *Expansionsventil* reduziert den Druck des abgekühlten Gases, das dadurch weiter abkühlt und wieder in seinen ursprünglich flüssigen Zustand zurückfällt. Die Temperatur des Arbeitsmediums liegt nun wieder unter der Temperatur der Wärmequelle.

Dadurch kann der Kreislauf von Neuem beginnen. In der Sprache der Physik ist das ein *rückwärts laufender Carnotprozess*.

Anschauliches alltägliches Beispiel

Für den thermodynamischen Prozess, den die Kompressionswärmepumpe nutzt, gibt es ein alltägliches Beispiel: Wenn Sie einen Fahrradreifen aufpumpen, erwärmt sich dabei die komprimierte Luft. Sie spüren es am Ventil oder wenn Sie den Luftauslass der Pumpe mit dem Daumen zuhalten. Entsprechend anders ist es bei Sprühdosen. Sie kühlen beim Sprühen ab.

Wichtig

Im Gegensatz zum modulierenden Gaskessel arbeitet der Kompressor der meisten Wärmepumpen immer mit der gleichen Antriebsleistung. Bei höheren Außentemperaturen mit geringem Wärmebedarf im Haus schaltet die Wärmepumpe folglich ständig ein und aus, wenn die Speichermassen auf der Verbraucherseite zu gering sind. Dieses Takten würde den Kompressor der Wärmepumpe über Gebühr beanspruchen und seine Lebensdauer stark verkürzen. Bei der Fußbodenheizung mit ihren großen Speichermassen tritt dieses Problem nicht auf und bei der Wärmeübertragung durch Kompaktheizkörper oder Radiatoren sorgt ein zusätzlicher, ausreichend großer Pufferspeicher für Abhilfe.

Wichtig für den zuverlässigen Betrieb der Wärmepumpe ist, dass immer genug Umweltenergie vorhanden ist. Denn sie holt sich diese „um jeden Preis": D. h., der Kondensator vereist, wenn die Wärmepumpe nicht mehr genug Wärme aus der Umgebung gewinnen kann. Dann geht die Wärmepumpe auf Störung und schaltet den Kompressor aus. Oft wird dann unbemerkt vom Betreiber ein elektrischer Heizstab eingeschaltet und das Gebäude vollständig elektrisch beheizt.

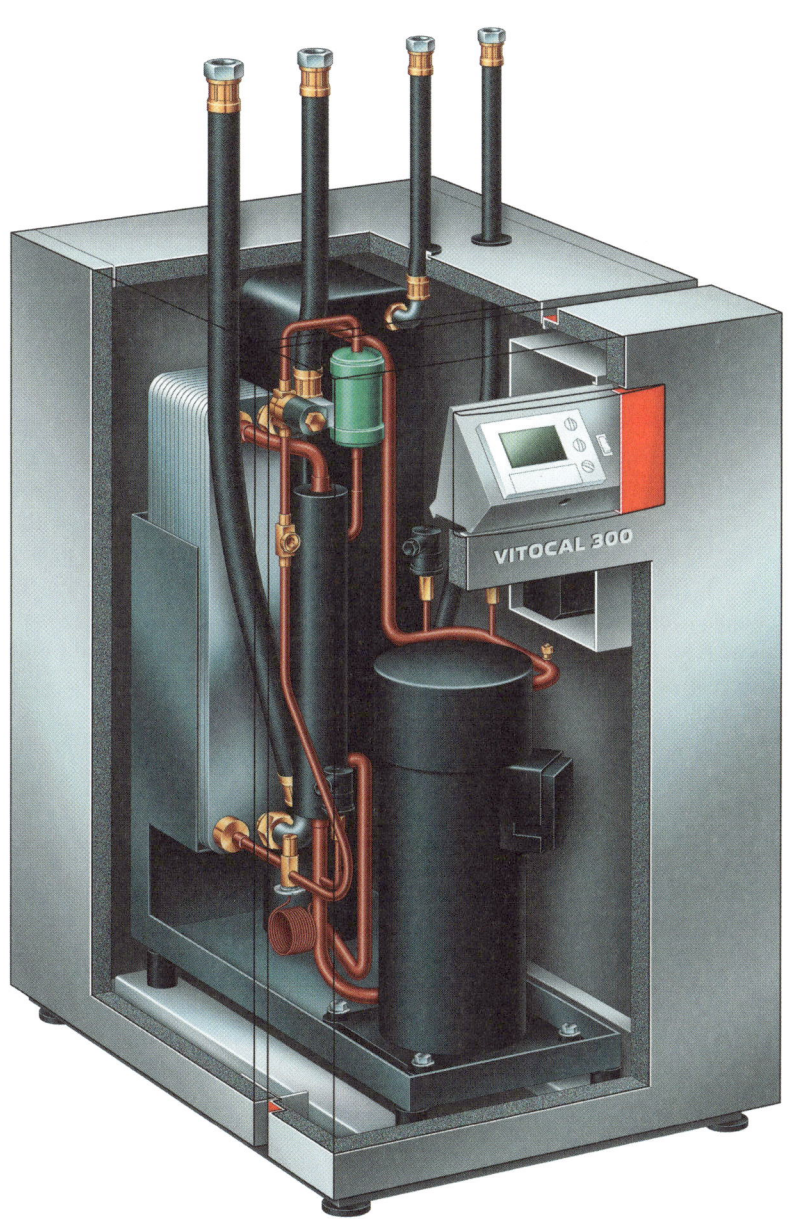

Abb. 5.2: Schnitt durch eine Sole-/Wasser-Wärmepumpe (Grafik: Viessmann)

Leistungszahl

Die Leistungszahl (COP – Coeffizient of Performance) der Wärmepumpe gibt an, wie viel Heizleistung die Pumpe aus der Umweltenergie und der Antriebsleistung gewinnt. Eine Leistungszahl von 4,0 bedeutet, dass die Wärmepumpe aus einem Teil Strom vier Teile Wärme erzeugt. Die besten heute lieferbaren Wärmepumpen gewinnen aus einer hineingesteckten Kilowattstunde Antriebsenergie 3 bis 5 kWh Heizenergie. Sie haben kaum noch etwas mehr mit den unförmigen und teilweise unzuverlässigen Wärmepumpen aus den 70er-Jahren gemeinsam. Die Geräte der ersten Generation wogen noch über eine halbe Tonne, die heutigen wiegen nur noch ein Drittel.

Jahresarbeitszahl

Wichtiger in der Praxis als diese unter festen Laborbedingungen gemessene Größe ist jedoch die Jahresarbeitszahl. Sie gibt das Verhältnis zwischen der während eines Jahres eingesetzten Strommenge zur im gleichen Zeitraum gewonnenen Wärmemenge an. Zu dieser Jahresarbeitszahl tragen die Wärmepumpe selbst, die Umweltquelle, das Wärmeverteilsystem, der Dämmstandard des Gebäudes und nicht zuletzt das Nutzerverhalten der Hausbewohner bei (Stichwort „dauergekippte Fenster"). Ideal wären folglich eine gleichbleibend warme Umweltquelle, eine Heizung mit niedriger Vorlauftemperatur, ein gut wärmegedämmtes Haus und Nutzer, die keine Wärmeenergie verschwenden. Stimmt eine dieser Voraussetzungen nicht, sinkt die Effizienz entsprechend.

Die Regelung der Leistung erfolgt bei kleinen Wärmepumpen meistens durch Ein-aus-Betrieb. Neuere Reglungskonzepte steuern zusätzlich die Drehzahl des Wärmepumpenkompressors.

5.2   Wärmequellen

Als Wärmequelle kann entweder das Erdreich, Grundwasser, vereinzelt Oberflächenwasser oder die Umgebungsluft dienen. In diesem Abschnitt gewinnen Sie zunächst einen Überblick über die gängigen Wärmepumpen-Heizsysteme. Weitere Einzelheiten, die Sie für die Planung brauchen, finden Sie im Abschnitt 5.5. Für die Auslegung der Wärmequellenanlage kann bei Grundwasser und Erdwärme die VDI-Richtlinie 4640 „Thermische Nutzung des Untergrunds" herangezogen werden.

Die Effizienz von Wärmepumpenanlagen hängt wesentlich von einer konstant hohen Temperatur der Wärmequelle ab. Die Temperatur der Außenluft schwankt im Jahresverlauf stark. Im Erdreich und beim Wasser sind diese Schwankungen wesentlich geringer.

Im Folgenden bezieht sich das Medium vor dem Schrägstrich auf die Wärmequelle, das nach dem Schrägstrich auf die Heizungsseite. Am weitesten verbreitet sind Wärmepumpen, die auf der Wärmenutzungsseite (Heizwasserkreislauf)
das Medium Wasser verwenden. In Passivhäusern deckt bereits die aus der Abluft
zurückgewonnene Wärme einen Großteil des Heizwärmebedarfs. Eine Sole/Wasser-
oder Sole/Luft-Wärmepumpe kann Erdwärme über Erdkollektoren oder Erdsonden gewinnen. Kollektoren und Sonden bestehen aus unverrottbaren Kunststoffroh-
ren, die als geschlossene Kreise eingebaut werden. Die Sole/Wasser-Wärmepumpe
arbeitet in zwei in sich geschlossenen Systemen: dem Sole- und dem Heizungskreislauf. Dabei bezeichnet Sole das Wasser-Glykol-Gemisch, das im Kreislauf zwischen
Wärmequelle und Verdampfer zirkuliert. Der Glykolanteil macht es möglich, auch
Wärmequellentemperaturen unter dem Gefrierpunkt von Wasser zu nutzen. Der
dritte Kreis ist bei allen Wärmepumpensystemen gleich: Es ist der Kältekreis mit dem
Arbeitsmittel der Wärmepumpe.

Abb. 5.3: Von rechts nach links: Erdwärmepumpe, Warmwasserspeicher und Anbindung
an den Heizkreis (Foto: Junkers)

Beim System *Direkterwärmung* verdampft das Arbeitsmittel der Wärmepumpe
direkt im Erdkollektor. Das erhöht ihre Leistung. Wasser/Wasser- oder Wasser/Luft-
Wärmepumpen nutzen zwischen 7 und 12 °C warmes Grundwasser als Energiequelle. Es müssen zwei Brunnen gebohrt werden und eine ausreichende Wasser-

menge zu Verfügung stehen. Luft/Wasser- und Luft/Luftwärmepumpen entziehen der Umgebungsluft Wärme.

Wärmekapazität

Die spezifische Wärmekapazität der Wärmequellen Luft und Wasser ist sehr unterschiedlich: Aus 1 m³ Wasser, das um 5 °C abgekühlt wird, kann eine Wärmepumpe 5,8 kWh Wärme gewinnen. Das entspricht dem Energieinhalt von 0,6 l Heizöl. Um die gleiche Wärmemenge aus Außenluft zu gewinnen, müssen 3.500 m³ Luft um 5 °C abgekühlt werden. Das entspricht dem Luftinhalt von zwei Turnhallen.

5.2.1   Oberflächennaher Erdwärmekollektor

Für Häuser im Bestand, die einen eingewachsenen Garten haben, kommt ein Erdwärmekollektor in der Regel nicht infrage. Denn in diesem Fall müsste ein großer Teil des Gartens von allen Pflanzen befreit werden, weil vor der Verlegung eine große Grube auszuheben ist.

Die oberflächennah gespeicherte Wärme stammt aus direkter Sonneneinstrahlung, Niederschlägen und aus dem Erdinneren. Die Sonne beeinflusst die Temperatur des Erdreichs bis in 15 bis 20 m Tiefe. Schon in etwa 1 m Tiefe beträgt die Temperatur ganzjährig fast konstant etwa 10 °C. Damit zapft ein in 1,2 bis 1,4 m Tiefe waagerecht verlegter Erdkollektor eine ergiebige Wärmequelle an.

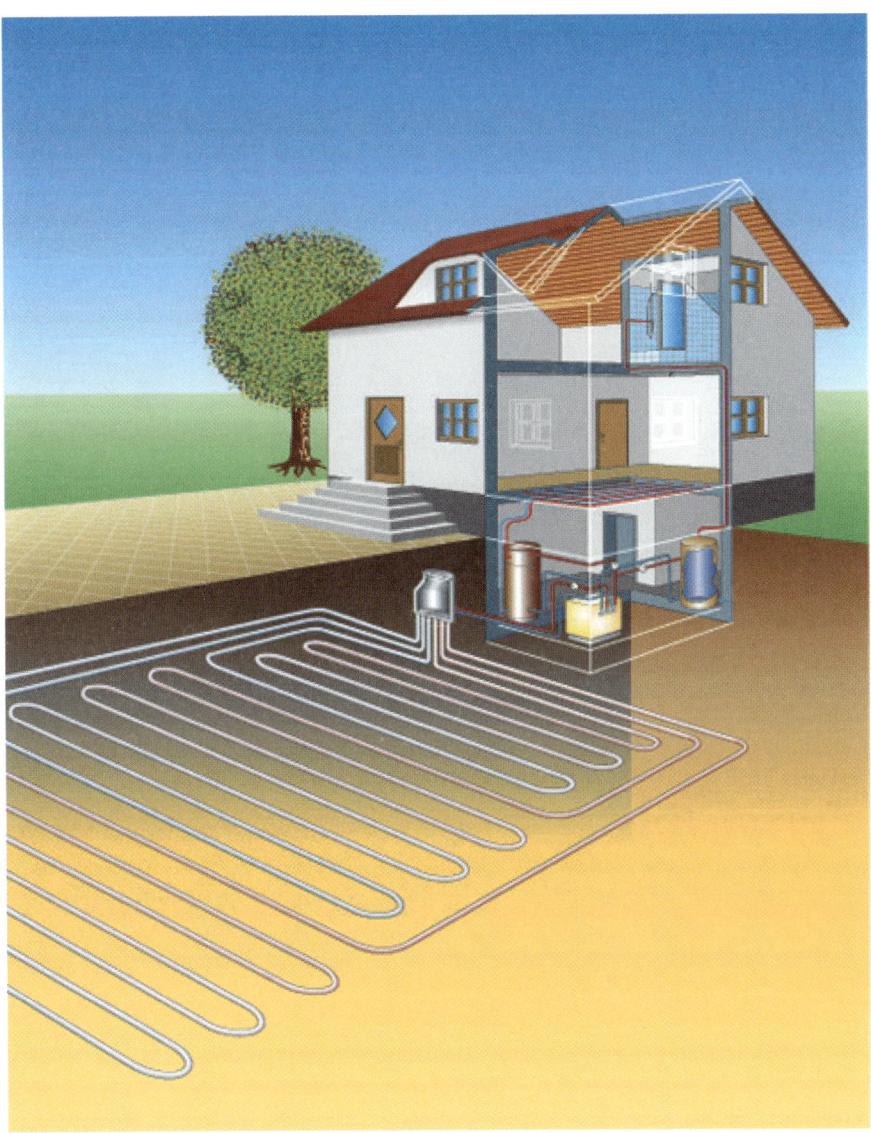

Abb. 5.4: Wärmepumpenanlage mit Erdwärmekollektor, Puffer- und Wasserspeicher
(Grafik: Bundesverband Wärmepumpe)

Wärmeträger ist Sole. Das ist in diesem Zusammenhang eine Mischung aus Wasser und Glykol zur Frostsicherheit. Daher auch der Name „Sole/Wasser-Wärmepumpe". Die sogenannte Sole zirkuliert in einem geschlossenen Kunststoff-Rohrsystem (z. B. PVC-ummantelte Kupferrohre), erwärmt sich im Erdreich, wird von einer Umwälzpumpe zur Wärmepumpe gepumpt und dort um etwa 4 °C abgekühlt. Der kostengünstige Erdwärmekollektor eignet sich besonders für Neubauten mit niedrigem Wärmebedarf. Oft reicht es, die Baugrube für den Kollektor etwas zu erweitern. Das Rohrmaterial ist als Rollenware erhältlich.

Abb. 5.5: Rohrmaterial für einen Erdwärmekollektor

Die Gesamtlänge des Kollektors ergibt sich aus dem Heizwärmebedarf des Gebäudes und den geologischen Gegebenheiten. Als Faustformel wird je nach Entzugsleistung des Erdreichs das 1,5- bis 2-Fache der zu beheizenden Fläche für den Kollektor veranschlagt.

Die Entzugsleistung steigt mit zunehmender Feuchte des Bodens, ungefähre Werte:

- etwa 10 W pro m² bei trockenem, nicht bindigem Boden
- 20 bis 30 W/m² bei feuchtem, bindigem Boden
- 40 W/m² bei wassergesättigtem Boden wie Sand oder Kies

Vorteil: günstig, leicht einzubauen
Nachteil: großer Flächenbedarf, ungünstige Temperaturschwankungen

Hinweis

Wenn die Entzugsleistung des Kollektors 50 W/m² überschreitet, entzieht er dem Erdreich unter Umständen mehr Energie, als ihm Sonne und Regen zuführen können. Dann vereist der Kollektor und es kann zu Bodenverwerfungen kommen.

Wichtig

Wenn Sie die Fläche über dem Kollektor nicht versiegeln, kann warmes Regenwasser in den Boden eindringen. Der Erdkollektor bringt noch mehr Leistung, wenn Regenwasser darüber verrieselt wird. Ein nachträglicher Einbau ist nur möglich, wenn keine Baumwurzeln das Eingraben der Erdkollektoren behindern.

Info

Erdwärmeheizungen sind auch im Sommer nützlich. Wer über eine Wärmepumpenheizung mit Erdsonde verfügt, kann das System im Sommer zur Kühlung nutzen. Das Wasser kommt in der warmen Jahreszeit mit etwa 14 °C aus dem Boden und läuft dann nicht über die Wärmepumpe, sondern direkt in den Heizkreislauf. Somit wird die Fußbodenheizung zur Kühlfläche.

Alternativ hierzu bietet der Markt auch Wärmepumpen mit umschaltbarem Kältekreis an, die zusätzlich die Kühlleistung der Sole erhöhen. Diese Lösung ist durch ihren wesentlich höheren Stromverbrauch entsprechend teurer.

Abb. 5.6: Eine z. B. oberhalb der Wärmepumpe montierte NC-Box (natural-cooling-Funktion) sorgt bei Bedarf für Kühlung. Dabei hat die Wärmepumpe Pause, nur die Umwälzpumpe verbraucht Strom. (Foto: Viessmann)

Abb. 5.7: AC-Box: Die active-cooling-Box vereint die energiesparende natural-cooling-Funktion und die aktive Kühlung mittels Verdichter in einem System. Sie wird platzsparend neben der Wärmepumpe installiert. Sobald die Leistung des natural cooling nicht mehr ausreicht, schaltet das System automatisch auf aktive Kühlung um. Dazu geht der Verdichterkreislauf der Wärmepumpe in Betrieb und die Funktionalität der Aus- und Eingänge wird umgekehrt. Die Wärmepumpe arbeitet jetzt wie ein Kühlschrank, am bisherigen Heizkreislauf steht Kaltwasser mit einer Temperatur bis zu 7 °C zur Verfügung. Die Kühlleistung beträgt maximal 13 kW. (Foto: Viessmann)

Eine weitere Variante ist der Graben-Erdkollektor: Die Rohre werden parallel in einem Register übereinanderstehend angeordnet. Der Graben ist 3 m tief und an der Basis und Oberfläche 1,2 m oder 2,5 m breit. Die Kollektorrohre haben vertikal jeweils einen Abstand von 10 cm. Seine Vorteile gegenüber dem Flächenkollektor sind, dass weniger Grundfläche erforderlich ist und die Kosten für die notwendigen Erdbewegungen wesentlich niedriger sind.

5.2.2 Erdwärmesonde

Diese Lösung ist teurer als der oberflächennahe Erdkollektor und wird in der Regel dann gewählt, wenn das Grundstück nicht für einen Erdkollektor geeignet ist, z. B. weil nicht genug Fläche zur Verfügung steht oder ein mit Einsatz von viel Geld und Liebe angelegter Garten weichen müsste.

Die Temperatur des Erdreichs liegt ab einer Tiefe von etwa 15 m ganzjährig über etwa 10 °C und nimmt mit zunehmender Tiefe pro 30 m im Mittel um 1 °C zu. Die Wärme des Erdinneren entstammt zu etwa zwei Dritteln aus dem Zerfall natürlicher radioaktiver Isotope und zu etwa einem Drittel aus der Wärme des Erdkerns. Die Sondentiefe liegt üblicherweise zwischen 25 und 200 m. Da Bohrungen über 100 m bergrechtlich genehmigt werden müssen, beschränken sich viele Nutzer bei ihren Anlagen auf diese Tiefe.

Vorteil: geringerer Flächenbedarf, konstante Temperaturen
Nachteil: höhere Investitionskosten

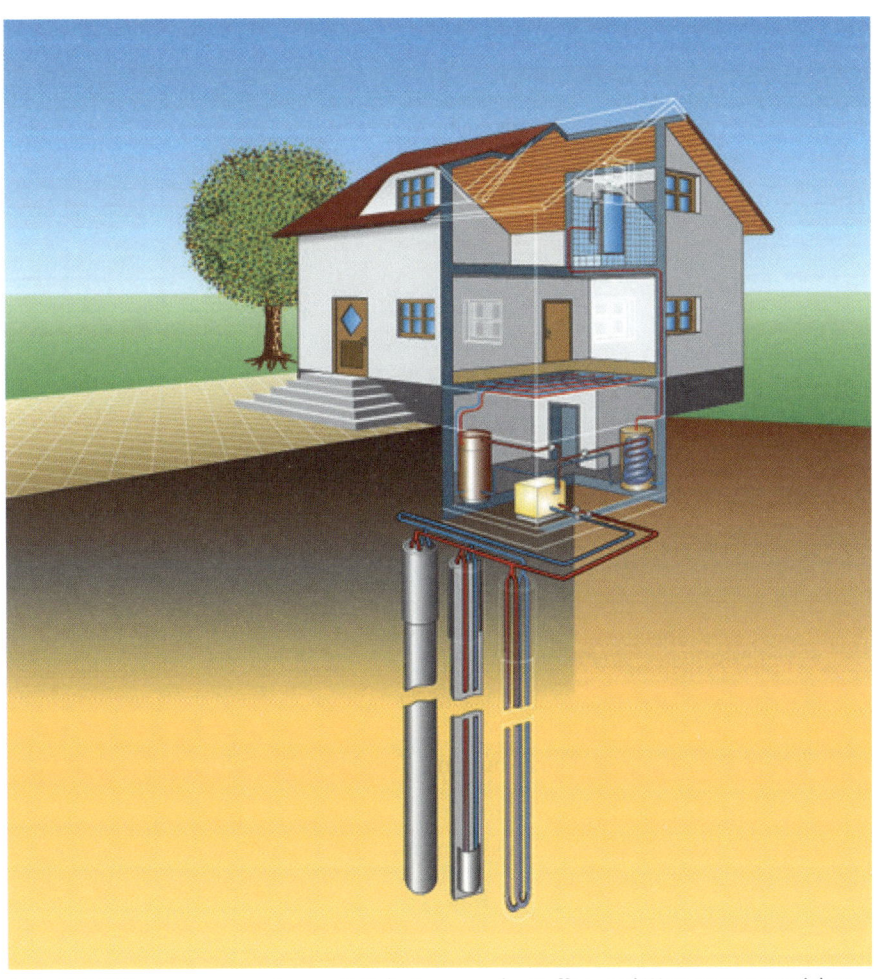

Abb. 5.8: Wärmepumpenanlage mit Erdwärmesonde, Puffer- und Warmwasserspeicher
(Grafik: Bundesverband Wärmepumpe)

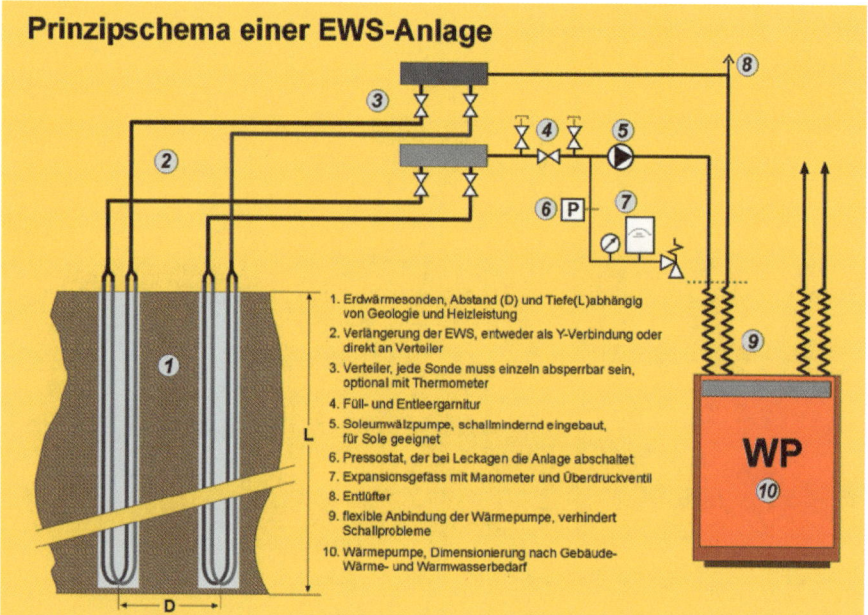

Prinzipschema einer EWS-Anlage

1. Erdwärmesonden, Abstand (D) und Tiefe(L)abhängig von Geologie und Heizleistung
2. Verlängerung der EWS, entweder als Y-Verbindung oder direkt an Verteiler
3. Verteiler, jede Sonde muss einzeln absperrbar sein, optional mit Thermometer
4. Füll- und Entleergarnitur
5. Soleumwälzpumpe, schallmindernd eingebaut, für Sole geeignet
6. Pressostat, der bei Leckagen die Anlage abschaltet
7. Expansionsgefass mit Manometer und Überdruckventil
8. Entlüfter
9. flexible Anbindung der Wärmepumpe, verhindert Schallprobleme
10. Wärmepumpe, Dimensionierung nach Gebäude- Wärme- und Warmwasserbedarf

Abb. 5.9: Prinzip einer Erdwärmesonden-Anlage (Grafik TERRA-THERM Erdwärme GmbH)

Darauf spezialisierte Bohrfirmen übernehmen die Bohrungen und versenken anschließend darin Erdwärmesonden. Die Bohrtiefe ist abhängig vom Heizwärmebedarf des Gebäudes und den geologischen Gegebenheiten.

Faustformel: Heizleistung der Wärmepumpe (kW) x 14 = Sondenlänge in Metern.

In Abhängigkeit von der Bodenbeschaffenheit kann es sinnvoll sein, statt z. B. nur eine 100-m-Sonde zu verwenden, zwei Bohrungen bis zu 50 m Tiefe vorzunehmen. Der Abstand zwischen zwei Bohrungen oder den Sonden sollte mindestens 5 m betragen.
Beim geologischen Dienst Nordrhein-Westfalen in Krefeld ist eine CD erhältlich, der Wärmepumpeninteressenten das geothermische Potenzial am geplanten Standort in NRW entnehmen können (über Internet: *www.gd.nrw.de*). Andere Bundesländer sind dabei, vergleichbares Datenmaterial zu erarbeiten. Bei 40 € bis 60 € pro Bohrmeter sind Bohrungen in Tiefen von 2.000 m und mehr sehr teuer und dürften sich für Privatleute mit einem Einfamilienhaus kaum rechnen.

5.2.3   Wasser

Wasser-/Wasserwärmepumpen nutzen die Wärme des Grundwassers, um Heizenergie zu gewinnen. Es sind mindestens zwei Brunnen erforderlich. Aus dem Zapfbrunnen wird Grundwasser nahezu gleichbleibender Temperatur entnommen, von der Wärmepumpe abgekühlt und über einen Schluckbrunnen wieder dem Grundwasser zugeführt. Je nach Grundwasserstand sind die Brunnen 4 bis 50 m tief. Vor der Entscheidung für dieses System muss eine Wasseranalyse klären, ob die Grundwasserqualität und -menge dafür ausreicht. Ungünstig ist, wenn das Grundwasser Mangan, Eisen oder Schwebstoffe enthält. Immer ist eine wasserrechtliche Genehmigung einzuholen.

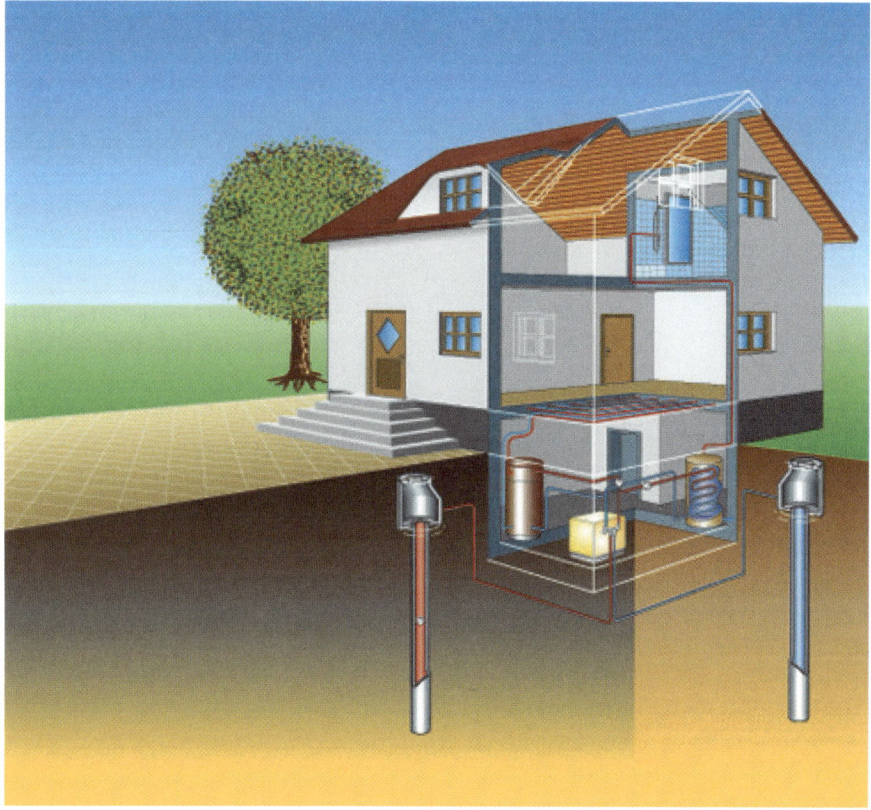

Abb. 5.10: Wärmepumpenanlage mit Zapf- (links) und Schluckbrunnen (rechts), Puffer- und Warmwasserspeicher (Grafik: Bundesverband Wärmepumpe)

Vorteil: geringer Flächenbedarf, ganzjährig relativ warme Wärmequelle
Nachteil: offenes System, nicht überall verfügbar

Grundwasserschutz

Die Wasserwirtschaft ist in Sorge, weil zunehmend Grundwasserleiter durch Erdbohrungen gefährdet werden. Der Bundesverband der Energie- und Wasserwirtschaft
(BDEW) fordert eine Anzeige- und Genehmigungspflicht für alle Erdbohrungen, um
sicherzustellen, dass keine Schadstoffe durch bislang undurchgängige Deckschichten
ins Tiefenwasser gelangen und Trinkwasserressourcen gefährden. Derzeit ist die Frage
der Haftung bei Grundwasserschäden und eines Rückbaus trinkwassergefährdender
Anlagen noch nicht geklärt.

Bei den sogenannten *direkten Systemen* überträgt ein Wärmetauscher die Wärme des
genutzten Wassers direkt auf den Arbeitsmittelkreislauf der Wärmepumpe. Dadurch
besteht das Risiko der Verschmutzung von Umwälzpumpe und Wärmetauscher.
Außerdem kann bei einem Defekt des Wärmetauschers Arbeitsmittel in das genutzte
Gewässer gelangen. Bei indirekten Systemen ist ein weiterer geschlossener Wasser-
kreislauf zwischen Wärmequelle und Arbeitsmittelkreislauf geschaltet. Das vermindert den Wirkungsgrad des Systems.

5.2.4 Luft

Umgebungsluft

Luft-Luft-Wärmepumpen nutzen Außenluft als Energieträger, die dafür nur bedingt
geeignet ist. Gerade bei Minusgraden, wenn die Heizung besonders gebraucht wird,
kann die Außenluft nichts zur Raumheizung beitragen. Dann muss ein weiteres
Heizsystem einspringen, z. B. ein Kaminofen, ein Gas- oder Ölkessel oder eine elektrische Zusatzheizung. Die elektrische Heizung ist günstig in der Anschaffung, sie
kann jedoch die Betriebskosten der Anlage überproportional erhöhen.
Die Kombination mit Radiatoren, die auf sehr hohe Vorlauftemperaturen ausgelegt
sind, verschlechtert die Effizienz des Systems noch weiter. Trotzdem entscheiden sich
Altbaubesitzer oft für diese Variante.

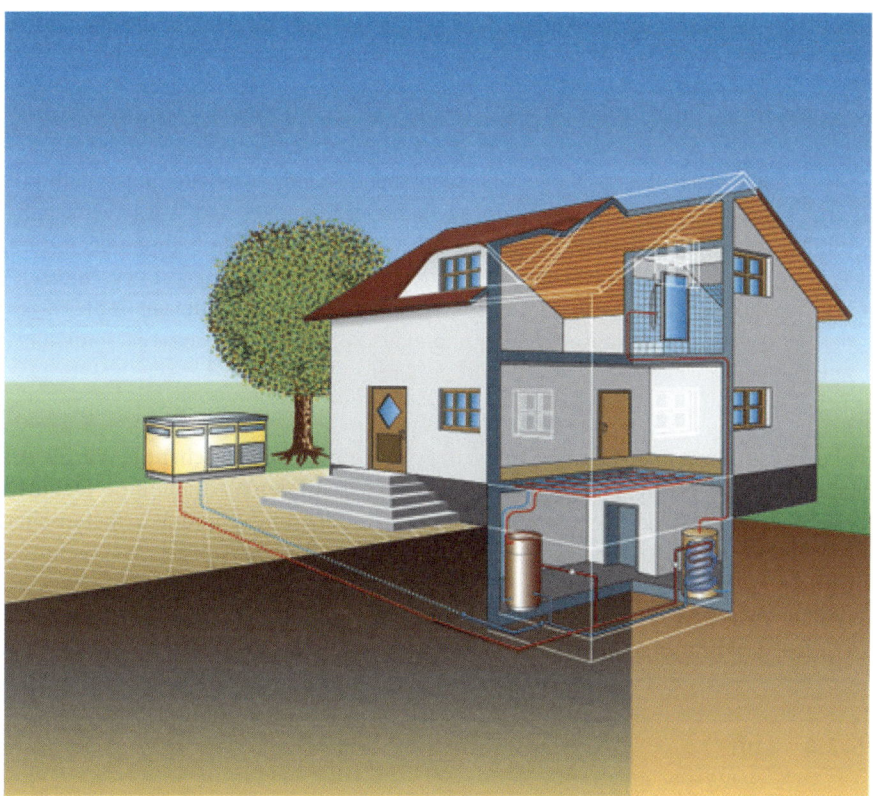

Abb. 5.11: Außen aufgestellte Luft-Wärmepumpe mit Puffer- und Warmwasserspeicher (Grafik: Bundesverband Wärmepumpe)

Wenn Sie mit dem Gedanken spielen, eine Wärmepumpenheizung in einen Altbau einzubauen, ist es empfehlenswert, alles genau durchzurechnen. Oft ist der Heizwärmebedarf eines Altbaus so hoch, dass sich eine Wärmepumpe nicht rechnet. Derzeit ist der Strompreis für Wärmepumpen noch subventioniert. Keiner kann garantieren, dass es so bleibt. Schon ein strenger Winter kann für eine saftige Stromrechnung sorgen. Besonders kritisch sind Luft-Luft-Wärmepumpen zu beurteilen – sie funktionieren nur über 5 °C ohne Zusatzheizung.

Luft-Wasser-Wärmepumpen sind auch zur Trinkwassererwärmung in Einfamilienhäusern beliebt. Die Geräte haben einen Warmwasserspeicher und nutzen z. B. die Luft in Kellerräumen als Energiequelle, die dabei abgekühlt und entfeuchtet wird. Sie lassen sich auch anstelle eines einfachen Speichers als Wärmespeicher für ein Blockheizkraftwerk oder einen Öl- oder Gaskessel nutzen – bei vergleichbaren Anschaffungskosten. In der Praxis können so im Mittel bis zu 65 % der Heizenergie aus der Außenluft gewonnen werden.

Abb. 5.12: Luft-Wasser-Wärmepumpe, die der Außenluft Wärme entzieht, für Außenaufstellung (Grafik: Junkers)

Abluft

Dieses System bietet sich bei Einfamilienhäusern mit geringem Wärmebedarf an und wird bevorzugt im Passivhaus genutzt. Als Wärmequelle dient die Abluft der Wohnräume. Häufig werden Wärmetauscher in die Anlage eingebunden. Bei größerem Leistungsbedarf – z. B. wenn das Haus nur den Niedrigenergiestandard erreicht – ist eine zusätzliche Wärmequelle erforderlich. Das kann die Außenluft oder das Erdreich sein.

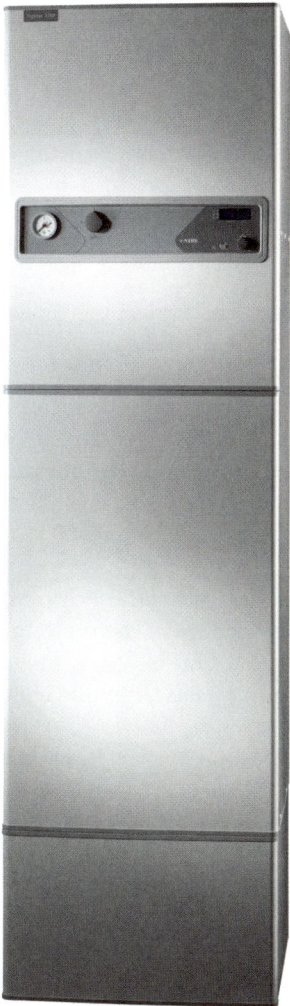

Abb. 5.13: Wärmepumpe, die der Abluft Wärme entzieht (Foto: Nibe)

Die Frischluft strömt entweder dezentral über Außenwandventile oder über ein Zuluftrohrsystem nach. Die direkte Einbindung thermischer Solaranlagen ist technisch kein Problem.

5.3   Gaswärmepumpe

Obwohl Gaswärmepumpen 25 % bis 50 % mehr Wärme gewinnen als die Gas-Brennwerttechnik, fristen sie noch ein Schattendasein. Das Prinzip: Das Kältemittel nimmt im Verdampfer Wärme aus der Umgebung auf und gibt diese im Verflüssiger an das Heizsystem ab. Ein erdgasbetriebener Motor treibt den Verdichter der Wärmepumpe an.

Gasmotor-Wärmepumpen geben Wärme auf drei Ebenen ab: erstens aus dem Verflüssiger, zweitens aus dem Gasantriebsmotor und drittens aus dem Abgas. Sie sind leistungsregelbar durch Drehzahlveränderung des Motors.

Es gibt drei Typen von Gaswärmepumpen: Absorptionswärmepumpe, Diffusionsabsorptionswärmepumpe und Adsorptionswärmepumpe.

Absorptionswärmepumpen haben einen thermischen Antrieb. Deshalb bestehen sie aus sehr wenigen bewegten Teilen und sind daher sehr robust. Als Kältemittel wird in aller Regel Ammoniak und als Lösungsmittel Wasser verwendet.

Auch die „Klima-Absorptionskälteanlagen" mit dem Stoffpaar Wasser als Kältemittel und Lithiumbromid als Lösungsmittel eignen sich als Wärmepumpe. Angetrieben werden diese Wärmepumpen mit thermischer Energie, entweder durch Abwärme (Abdampf oder Heißwasser/ Fernwärme) oder durch Erdgas direkt über einen Brenner. Sie sind sehr leise im Betrieb und leistungsregelbar zwischen 35 und 100 % bei modulierendem Brenner.

Bisher versorgen Gaswärmepumpen größere Objekte wie Hotels und Schwimmbäder mit Wärme oder sorgen für Kühlung. Hersteller wie Bosch Thermotechnik (Buderus) und Vaillant haben bereits Gaswärmepumpen für Ein- bis Zweifamilienhäuser entwickelt. Im Internet finden Sie unter *www.asue.de* eine Liste mit Geräteanbietern.

Durchaus denkbar ist, dass künftig eine Miniwärmepumpe mit nur 500 W Leistung ein Passivhaus mit hauseigenem Klärgas heizt.

5.4 Wärmepumpen in der Praxis

5.4.1 Ergebnisse von Wärmepumpen-Feldtests

Wärmepumpen-Feldtest am Oberrhein

Die „Lokale Agenda-Gruppe 21 – Energie Lahr" im badischen Lahr hat in einem zweijährigen Feldtest von 2006 bis 2008 die Jahresarbeitszahlen der auf dem Markt angebotenen Wärmepumpensysteme mit Messgeräten untersucht. Sie hat dabei unter anderem mit der Ortenauer Energieagentur in Offenburg, dem Steinbeis-Transferzentrum, der Hochschule Offenburg, dem Handwerk und örtlichen Energieversorgern zusammengearbeitet. Die Energieexperten erfassten bei 33 Heiz- und 5 Warmwasser-Wärmepumpenanlagen monatlich die Wärme- und Elektrozählerstände. Es gab erhebliche Unterschiede zwischen den Leistungsmessungen auf den Wärmepumpen-Testständen und der Werbung auf der einen Seite und den unter realistischen Betriebsbedingungen erreichten Jahresarbeitszahlen auf der anderen Seite.

Jahresarbeitszahl

Die Jahresarbeitszahl einer Wärmepumpe ist als wichtigste Kenngröße zur Beurteilung ihrer Energieeffizienz definiert als das Verhältnis von nutzbarer Wärme und Bedarf an elektrischer Energie. Sie kann folgendermaßen ermittelt werden:

1. Erzeuger-Jahresarbeitszahl: Messung der erzeugten Wärme direkt hinter der Wärmepumpe.

2. System-Jahresarbeitszahl: Messung der Nutzwärme für die Fußbodenheizung oder Heizkörper mit Berücksichtigung der Verluste der Brauchwassererwärmung und eines eventuell vorhandenen Heizungspufferspeichers. Bei Luft-Wärmepumpen wird zusätzlich noch die bei niedrigen Temperaturen benötigte Abtauenergie für den Lamellenverdampfer berücksichtigt.

Info

Die dena (Deutsche Energieagentur) und das RWE bezeichnen Elektro-Wärmepumpen als „energieeffizient" und „nennenswert energieeffizient", wenn die System-Jahresarbeitszahlen über 3,0 beziehungsweise 3,5 liegen.

Wenn sich unter ähnlichen Bedingungen durchgeführte Feldtests scheinbar widersprechen, weil Unterschiede bis zu 0,5 in der Jahresarbeitszahl vorkommen, liegt das oft an Folgendem: In einem Fall wurde die erzeugte Wärme direkt hinter der

Wärmepumpe gemessen und im anderen Fall die real gewonnene Nutzwärme nach Abzug von Verlusten, die in der Anlage auftraten. Manchmal wird jedoch im Testbericht nicht eindeutig ausgewiesen, wie die Jahresarbeitszahl ermittelt wurde.

Die Herstellerangaben liegen in der Regel höher, da hier unter besonders günstigen Bedingungen, die in der Praxis kaum zu erreichen sind, die Leistungszahlen auf Testständen gemessen werden,.

Auf der Kaltquellenseite sind Erdwärme-Wärmepumpen Spitzenreiter. Sie erreichen in Verbindung mit einer Fußbodenheizung im Mittel in diesem Test eine Erzeuger-Jahresarbeitszahl von 3,4 (direkt hinter der Wärmepumpe gemessen), unter Berücksichtigung der Verluste von Heizungspufferspeichern und Brauchwassererwärmung ergibt sich eine System-Jahresarbeitszahl von 3,1. Zwei Wärmepumpen übertreffen bei der System-Jahresarbeitszahl sogar deutlich den Wert 4 aus der Werbung.

Die Grundwasser-Wärmepumpen schneiden mit einer Erzeuger-Jahresarbeitszahl von 3,2 und einer System-Jahresarbeitszahl von 2,9 etwas schlechter ab. Das liegt an zu kleinen Bohrlöchern, zu hoher Nennleistung der Grundwasser-Förderpumpe und an verstopften Wasserfiltern. Jedoch ist auch ein Spitzenwert von 3,8 für die System-Jahresarbeitszahl möglich.

Luft-Wärmepumpen sind mit einem Mittelwert von 2,8 für die Erzeuger-Jahresarbeitszahl und von 2,4 für die System-Jahresarbeitszahl schon deutlich abgeschlagen. Diese Durchschnittswerte werden nur in Verbindung mit einer Fußbodenheizung erreicht. In Verbindung mit Radiatorheizkörpern – typisch für Altbausanierungen – erreichen Luft-Wärmepumpen nur eine System-Jahresarbeitszahl von 2,2 – und das in der wärmsten Gegend Deutschlands. D. h., in einem kalten Winter in rauerem Klima brauchen Sie mit einer Luft-Wärmepumpe wesentlich mehr Strom als 1 kWh, um 2,2 kWh Heizwärme zu erzeugen. Die beste Luft-Wärmepumpe im Feldtest erreicht die System-Jahresarbeitszahl 3,0 und damit fast das Energieeffizienzziel von dena und RWE.

Hinweis

Grund für geringe Effizienz von Wärmepumpen in Verbindung mit Radiatoren ist das gegenüber Fußbodenheizungen wesentlich höhere Temperaturniveau des Rücklaufs, das die Wärmepumpe nur erreicht, wenn entsprechend viel zusätzliche elektrische Energie hineingesteckt wird.

Kleine Warmwasser-Wärmepumpen erreichen im Durchschnitt nur eine Jahresarbeitszahl von 2,0. Die Initiatoren des Feldtests empfehlen daher Sonnenkollektoren für das Erwärmen von Brauchwasser.

Wärmepumpen sind keine Technik, bei der die Güte der Wärmepumpe allein entscheidend für die Energieeffizienz des Systems ist. Genauso wichtig sind gute Rahmenbedingungen: eine möglichst hohe Temperatur der Kaltquelle (Grundwasser oder Erdreich), eine möglichst niedrige Temperatur der Wärmesenke (Fußbodenheizung) und die optimale Anbindung aller Komponenten an die Wärmequelle. Die für den Feldtest Verantwortlichen haben festgestellt, dass Leistungsmessungen auf dem Prüfstand und die anschließende Hochrechnung auf Jahresarbeitszahlen mithilfe der VDI-Richtlinie 4650 immer höhere Ergebnisse bringen, als in der Praxis zu erzielen sind. Eine Wärmepumpe kann also staatlich gefördert werden, obwohl sie unter realistischen Betriebsbedingungen das Klimaschutzziel nicht erreicht.

Den ausführlichen Endbericht zum Wärmepumpen-Feldtest finden Sie auf der Internetseite *www.agenda-energie-lahr*.de. Frühere Untersuchungen von Eon, dem Schweizer Bundesamt für Energie (FAWA) und dem Informationszentrum Wärmepumpe und Kältetechnik kamen zu ähnlichen Ergebnissen. Auch der laufende Feldtest des Fraunhofer Instituts für Solare Energiesysteme (ISE) kommt zu vergleichbaren Ergebnissen, wenn man genau zwischen Erzeuger- und System-Jahresarbeitszahlen unterscheidet.

Inzwischen hat die Lokale Agenda-Gruppe 21 – Energie aus Lahr mit der zweiten Phase des Feldtests begonnen, in der geklärt werden soll, ob mit innovativen Wärmepumpensystemen eine bessere Energieeffizienz als mit den im ersten Teil des Feldtests untersuchten Systemen erreichbar ist. Es handelt sich z. B. um:

- Luft-Wärmepumpen mit variabler Verdichter- und Lüfterleistung und elektronisch gesteuertem Expansionsventil
- Grundwasser-Wärmepumpen, die in Großanlagen z. B. eine Reihenhaussiedlung mit Nahwärme versorgen
- Erdreich-Wärmepumpen mit CO_2-Erdsonde mit variabler Verdichterleistung, die ohne Umwälzpumpe für das Wasser-Glykolgemisch auskommt

Betriebskosten

Bei der Wärmepumpenheizung ist eine Öltankversicherung überflüssig und kein Kaminkehrer muss bezahlt werden. Derzeit ist der Strompreis für Wärmepumpen noch subventioniert. Niemand kann garantieren, dass es so bleibt. Schon ein strenger Winter kann für eine saftige Stromrechnung sorgen. Eine Wärmepumpe ist weitgehend wartungsfrei. Es ist empfehlenswert, gelegentlich die Komponenten der Wärmequelle und der Wärmeverteilung zu kontrollieren. So ist etwa in der Wärmequellenanlage der Sole/Wasser-Wärmepumpe alle zwei bis drei Jahre zu prüfen, ob die Sole noch frostsicher ist. Im Feldtest am Oberrhein fielen 4 von 33 Verdichtern an den nur 4 bis 6 Jahre alten Wärmepumpen aus. Einen ausführlichen Kostenvergleich für gängige Heizsysteme finden Sie in Abschnitt 1.5.

Empfehlungen

Nach Abschluss des Feldtests empfehlen die Energieexperten der Lokalen Agenda-Gruppe 21 – Energie Lahr Folgendes:

- Bringen Sie den Altbau auf den heutigen Standard eines Niedrigenergiehauses, bevor Sie eine neue Heizung anschaffen und in Betrieb nehmen.
- Wenn Sie sich für eine Wärmepumpe entscheiden, bevorzugen Sie Erdreich-Wärmepumpen, weil diese im Feldtest die höchste Energieeffizienz aufgewiesen haben und durchschnittlich 30 % weniger des schädlichen Treibhausgases CO_2 verursachen als Erdgas-Brennwertkessel. Auch aus betriebswirtschaftlicher Sicht erreichen Wärmepumpen mit Sonden oder Horizontalregister das beste Preis-Klima-Verhältnis.
- Eine Wärmepumpe sollte immer mit einer Fußbodenheizung kombiniert werden, da diese gegenüber Heizkörpern ein bis zu 0,4-Jahresarbeitszahlpunkte besseres Ergebnis liefert.
- Bei Fußbodenheizungen sollte auf Heizungspufferspeicher verzichtet werden, da diese das Jahresergebnis um 0,1 bis 0,2 Arbeitszahlpunkte verschlechtern.
- Vom Einsatz von Luft-Wärmepumpen, kleinen Warmwasser-Wärmepumpen und Elektrostandspeichern rät die Agenda-Gruppe grundsätzlich ab.

5.4.2 Erfahrungen von Betreibern

Folgend ein negatives Beispiel, wie es in der Praxis öfter vorkommt: Der alte Heizkessel eines Mietshauses muss ausgetauscht werden. Das Heizsystem wurde vor Jahrzehnten auf eine Vorlauftemperatur von 70 °C ausgelegt. Die Mieter gehen nicht gerade sparsam mit der Heizenergie um. Dauergekippte Fenster sind im Haus sehr beliebt.

Bei der Sanierung werden nur die Kellerdecke und die oberste Geschossdecke gedämmt, die Gebäudehülle bleibt so, wie sie ist. Da dem Vermieter Erdbohrungen zu teuer sind und zu viele Umstände machen, ersetzt er den alten Heizkessel durch eine Luft-Wasser-Wärmepumpe.

Die Folge: Primärenergieverbrauch und Heizkosten sind höher als vorher, weil die Wärmepumpe bei tiefen Außentemperaturen die 20 °C Innenraumtemperatur nur noch mithilfe eines Elektroheizstabs schafft. Der Vermieter schaltet einen Gutachter ein. Darüber hinaus kommen Prozesskosten auf ihn zu.

Auch wenn der Vermieter eine Sole-Wasser-Wärmepumpe mit Erdsonde gewählt hätte, wäre die Sache nicht besser ausgegangen. Die von den meisten Mietern praktizierte Kipplüftung hätte auch bei nicht so tiefen Außentemperaturen dazu geführt, dass die Wärmepumpe dauernd in Betrieb gewesen wäre. Selbst eine ausreichend dimensionierte Erdwärmequelle wäre dann in kurzer Zeit stark ausgekühlt und die

Leistungszahl der Wärmepumpe bescheiden. Außerdem ist dann die Gefahr groß, dass die Erdsonde vereist und damit endgültig zerstört wird.

Sinnvoller wäre gewesen, der Vermieter hätte vor Einbau einer neuen Heizung das Haus energetisch saniert und die Radiatorheizkörper vergrößert, um die Vorlauftemperatur abzusenken. Noch besser, aber wesentlich aufwendiger, wäre der Umbau auf eine Fußbodenheizung. Die Nennleistung des Wärmeerzeugers kann nach so einer Sanierung um bis zur Hälfte verringert werden.

Ein weiteres negatives Praxisbeispiel: Ein Massivhaus, Baujahr 2006, jedoch nicht optimal luftdicht, wird mit einer Wärmepumpe beheizt und im Sommer bereitet eine zweite kleinere Wärmepumpe das Warmwasser und kühlt das Wohnzimmer über die Fußbodenheizung (Anmerkung: Dazu reicht ihre Leistung gar nicht aus). Die Stromrechnung für die beiden Wärmepumpen im ersten, nicht besonders kalten Winter beträgt 2.000 €. Ein hinzugezogener Energieberater vermutet, dass die Gründe für den hohen Verbrauch mangelhafte Bauteile, Steuerungsprobleme und von der offenbar überforderten Installationsfirma zu verantwortende massive hydraulische Fehler sind. Man streitet sich vor Gericht.

Ein besonders extremer Fall: In ein altes Massivhaus mit schlechtem Dämmstandard und schlecht ausgeführter Luftdichtheitsebene im Dach wird eine Wärmepumpenheizung eingebaut. Die Anlage wird völlig falsch ausgelegt – z. B. ist der Erdwärmetauscher viel zu kleinflächig für den unverändert hohen Wärmebedarf. Das hat zur Folge, dass er schon zu Beginn des Winters vereist und keine brauchbare Wärme mehr liefert. Der elektrische Heizstab geht in Dauerbetrieb und treibt die Stromkosten auf bis zu 600 € monatlich. Zudem zieht ständig feuchtwarme Raumluft durch Ritzen und Löcher in die kühlere Dachkonstruktion. Die Dachsparren schimmeln schwarz an und die Dachdämmung feuchtet durch. Eine Totalsanierung wird notwendig.

Dass es auch anders geht, zeigt folgendes Positivbeispiel aus dem Raum Freiburg. Eine Erdsonden-Wärmepumpe mit 14 kW Leistung (thermisch) beheizt über eine Fußbodenheizung 250 m² Wohnfläche. Der Installateur hat den hydraulischen Abgleich durchgeführt und danach die Vorlauftemperatur auf 30 °C eingestellt. Ein 400-l-Warmwasserspeicher ist in die Anlage integriert, auf einen Pufferspeicher wird verzichtet. In den letzten zwei Jahren wurde als Erzeuger-Jahresarbeitszahl 4,3 und 4,2 als System-Jahresarbeitszahl (einschließlich Warmwasserbereitung) gemessen.

Im Allgemeinen sind die Betreiber von Wärmepumpen zufrieden, da die Betriebskosten der Anlagen meist niedriger sind als die von Öl- oder Gasheizungen. Sie berücksichtigen dabei jedoch nicht die wesentlich höheren Investitionskosten und die von den Energieversorgern erheblich heruntersubventionierten Strompreise für Wärmepumpen zulasten der anderen Stromkunden. Einige Betreiber haben sich jedoch in sehr kalten Wintern über den hohen Stromverbrauch ihrer Wärmepumpe geärgert.

5.4.3   Einfluss unterschiedlicher Randbedingungen

Die hohe Jahresarbeitszahl einer Wärmepumpe allein ist keine Garantie für einen minimalen Energieverbrauch. Als Ausgangspunkt dient eine sorgfältig geplante Erd-kollektor-Wärmepumpenanlage mit den folgenden Randbedingungen:

- Auslegung der Fußbodenheizung mit 28 bis 35 °C Vorlauftemperatur und hydraulischer Abgleich
- Vom Bauherren angegebener Trinkwasserverbrauch: 150 l pro Tag, Temperatur 48 °C
- Speicher mit sehr großem innenliegendem Wärmeübertrager im unteren Bereich
- Heizbedarf des Gebäudes 10.428 kWh pro Jahr
- Wärmebedarf für Trinkwassererwärmung 2.747 kWh/a
- Simulierte Quellentemperatur: - 0,1 °C (Horizontalabsorber 250 m²)
- Sole/Wasser-Wärmepumpe mit 9,2 kW und einer Leistungszahl von 4,49

Damit ergibt sich für die Jahresarbeitszahl:

a) nach VDI 4650-12: 4,4
b) mit Simulationssoftware WP-OPT: 4,21.

Als Stromverbrauch von Kompressor, Sole-Umwälzpumpe und Regelung liefert die Simulation 3.129 kWh pro Jahr.
Werden jetzt die Randbedingungen etwas geändert, hat das einen großen Einfluss auf den Energieverbrauch und die Betriebskosten der Anlage. Die Zahlen in folgender Tabelle wurden ebenfalls mit dem Programm WP-OPT ermittelt.

Abweichung von der Prognose	Beschreibung	Jahres-arbeits-zahl	Stromverbrauch (für Kompressor, Sole-Umwälzpumpe oder Ventilator, Regelung, Heizstäbe, Abtauen) in kWh/a
Prognose	Ergebnis mit Simulationssoftware WP-OPT	4,21	3.129
nutzerbedingt:	Doppelter Trinkwarmwasserbedarf	4,10	3.802
	Trinkwarmwasser mit 60 °C, ab 49 °C wird elektrisch nachgeheizt	3,54	3.939 ▶

Abweichung von der Prognose	Beschreibung	Jahresarbeitszahl	Stromverbrauch (für Kompressor, Sole-Umwälzpumpe oder Ventilator, Regelung, Heizstäbe, Abtauen) in kWh/a
	Höhere Heizlast wegen häufig gekippter Fenster (damit werden höhere Heizwassertemperaturen benötigt und eine größere Wärmemenge muss erzeugt werden)	3,95	4.122
	Raumlufttemperatur 23 °C statt 20 °C (höhere Vorlauftemperaturen, stärkere Auskühlung der Quelle durch höheren Wärmeentzug)	3,93	4.710
	Das halbe Gebäude wird nicht beheizt, dadurch geht die Warmwasserbereitung stärker in die Berechnung ein; da Nachbarräume kälter sind, muss die Vorlauftemperatur angehoben werden, wegen der geringeren Wärmemenge ist die Quelle wärmer	4,15	1.969
konzeptbedingt:	Fußbodenheizung mit Teppich statt mit Fliesen, dadurch um 8 °C höhere Vorlauftemperatur erforderlich	3,96	3.326
	Heizung wird wie früher mit hohen Temperaturen von 55 °C betrieben	3,55	3.714
	Pufferspeicher für Warmwasser und Heizung und wird ständig auf 55 °C geheizt, Fußbodenheizung wird mit Mischer betrieben	2,5	5.270
	Besonders große Solepumpe (600 W statt 250 W)	3,64	3.622
	Schlechtes Konzept zur Trinkwassererwärmung (Nacherhitzung immer mit hoher Temperatur)	3,89	3.392

▶

Abweichung von der Prognose	Beschreibung	Jahres-arbeits-zahl	Stromverbrauch (für Kompressor, Sole-Umwälzpumpe oder Ventilator, Regelung, Heizstäbe, Abtauen) in kWh/a
	Monoenergetischer Betrieb durch Unterdimensionierung; monoenergetisch parallel ab -2 °C	3,53	3.536
	Luft-Wasser-Wärmepumpe monovalent (Heizleistung 12,8 kW, Leistungszahl 3,41)	3,87	3.673
	Luft-Wasser-Wärmepumpe monoenergetisch-parallel ab -2 °C (Heizleistung 5,4 kW, Leistungszahl 3,18)	3,35	4.331
	Starke Wärmebrücken oder Austrocknungsmehrbedarf, 15 % bezogen auf den Heizwärmebedarf	4,16	3.730
bedingt durch die Gebäudehülle:	„36-Wände mit Ederziegeln" Wärmeleitfähigkeit von 0,09 W/(mK) in der Baubeschreibung U-Wert 0,23 W(m²K); verbaut wurde aber 0,16 W/(mK), dadurch erhöht sich der U-Wert auf 0,39 W/(m²K): höhere Vorlauftemperaturen und stärkere Auskühlung der Quelle durch stärkeren Warmeentzug	4,14	3.744

Quelle: Dipl.-Phys. Christina Hönig, Wärmepumpenspezialistin und Software-Entwicklerin bei WPsoft GbR, Dresden

Eine Demoversion der Simulationssoftware WP-OPT finden Sie im Internet unter *www.wp-opt.de.*

5.5   Planung und Installation der Wärmepumpen-Heizanlage

Bevor Sie mit der Planung beginnen, ist es im Modernisierungsfall wichtig, die vorhandene Wärmeverteilung und die Gebäudedämmung vor Ort zu analysieren. Ziehen Sie zum Auswählen der für Ihr Haus optimalen Wärmepumpentechnik gegebenenfalls einen kompetenten Energieberater hinzu. Wenn Sie schon bei der Planung eine künftige Erweiterung der Anlage berücksichtigen, können Sie später Geld sparen. Z. B. lässt sich eine Solarthermieanlage nachträglich ohne Probleme und zu geringen Kosten installieren, wenn schon Leerrohre vorhanden sind. Für eine Sole/Wasser- oder Wasser/Wasser-Anlage brauchen Sie eine Genehmigung.

Eine Wärmepumpen-Heizanlage, bestehend aus Wärmequellanlage, Wärmepumpe und Wärmenutzungsanlage, läuft nur dann einwandfrei und mit hohen Leistungszahlen, wenn alle Komponenten optimal aufeinander abgestimmt sind. Grundsätzlich gilt: Je höher die Temperatur der Wärmequelle ist, desto weniger Energie wird zusätzlich verbraucht, um das gewünschte Temperaturniveau zu erreichen. Folglich hängt es vorrangig von der Quellentemperatur und der Heizwassertemperatur ab, wie hoch die von der Wärmepumpe erreichte Jahresarbeitszahl in der Praxis wird und wie wirtschaftlich die Anlage somit arbeitet. Verschiedene Anbieter haben Programmpakete entwickelt, die Sie oder Ihren Planer bei der Auswahl und optimalen Planung einer Wärmepumpenanlage unterstützen. Ein Beispiel ist die am Ende des vorigen Abschnitts erwähnte Planungs-, Optimierungs- und Simulationssoftware WP-OPT, mit der Jahresarbeitszahl und Stromverbrauch für die verschiedenen Anlagentypen und Randbedingungen vorausberechnet werden können.

Der folgende Fragenkatalog erleichtert die Planung der Wärmepumpenanlage.

- Welche Aufgaben soll die Wärmepumpe übernehmen (nur Heizen oder auch Warmwasserbereitung)?
- Wie groß ist die Heizlast? (Wärmebedarfsrechnung nach DIN EN 12831 oder im Altbau Durchschnittswerte der vergangenen Jahre)
- Mit welcher Betriebsart soll die Wärmepumpe arbeiten (monovalentes/einziges Heizsystem, monoenergetischer/zusätzlicher Heizstab oder bivalentes/zweites Heizsystem vorhanden)?
- Welche Wärmequelle bietet sich an?

Bei Nutzung der Wärmequelle Umgebungsluft muss in unseren Breiten in der Regel ein zweites Heizsystem installiert werden, z. B. eine Öl- oder Gasheizung (bivalenter Betrieb), oder bei Kälte ein elektrischer Heizstab die Heizung übernehmen (monoenergetischer Betrieb). Den kostengünstigsten monovalenten Betrieb bietet der oberflächennahe Erdkollektor (Grube ausheben 2.000 bis 3.000 €), gefolgt von der Grundwassernutzung (zwei Brunnen etwa 5.000 bis 6.000 €) und der Erdsonde (inklusive Bohrkosten in der Regel 8.000 bis 12.000 €)

- Welches Wärmeverteilsystem ist geplant? (Flächen-/Fußbodenheizung oder Radiatoren im Altbau)
- Soll die Warmwasserbereitung zentral über die Wärmepumpe erfolgen oder dezentral?
- Wo wollen Sie die Wärmepumpe aufstellen? Günstig sind kurze Wege für die Soleleitung.
- Sind bei dem verwendeten Kältemittel Abluftleitungen für die Entlüftung der Wärmepumpe vorzusehen?
- Wie ist der Elektroanschluss zu verwirklichen?

Bei Aufstellung, Installation und Inbetriebnahme einer Wärmepumpenanlage sind die gültigen Normen, Montage- und Betriebsanweisungen zu beachten. Do-it-yourself ist nur sinnvoll, wenn Sie den thermodynamischen Prozess und die Zusammenhänge vollständig durchschauen. Besonders bei der Wärmequelle Erdreich besteht bei falscher Auslegung der Anlage oder Installationsfehlern ein hohes Risiko, dass sie nach wenigen Monaten versagt, was mit hohen Folgekosten verbunden ist. Meine Empfehlung: Lassen Sie die Anlage von einem ausgebildeten Fachmann installieren und fragen Sie vorher nach seinen Referenzobjekten und Qualifikationen. Zögern Sie nicht, den Planer nach dem Umfang seiner Erfahrungen in der Auslegung von Wärmepumpensystemen und den Installateur nach Referenzanlagen zu fragen.
Der elektrische Anschluss der Wärmepumpe darf nur durch einen vom zuständigen Energieversorgungsunternehmen zugelassenen Fachmann unter Beachtung der entsprechenden VDE-Bestimmungen und der Vorschriften des zuständigen EVU ausgeführt werden.

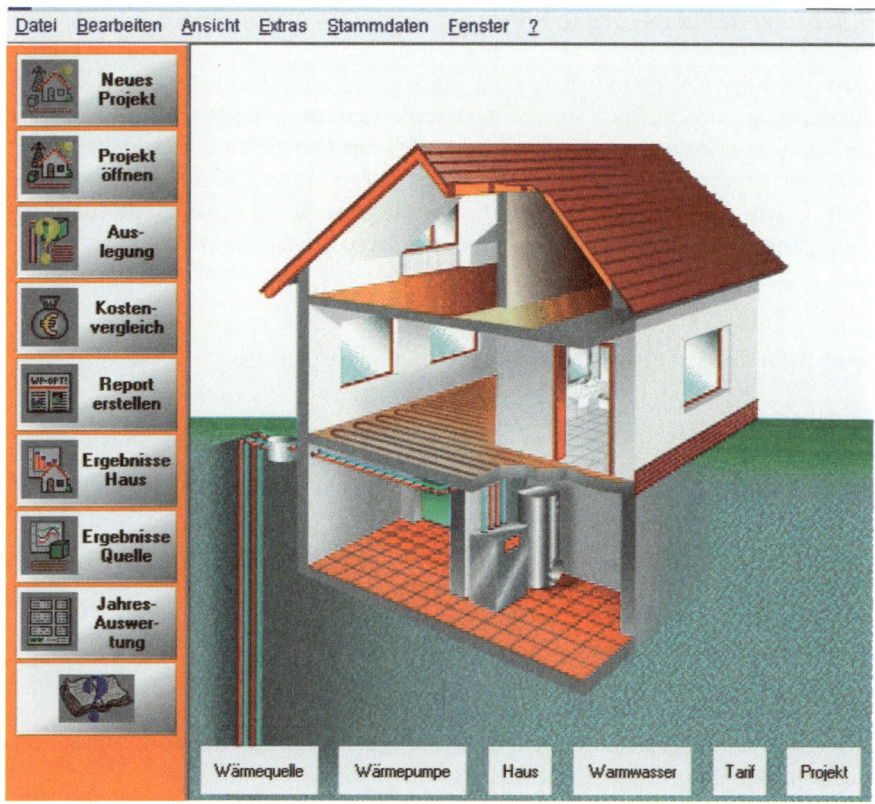

Abb. 5.14: Bedienoberfläche eines Programms zur Auslegung und Simulation von Wärmepumpenanlagen für Fachhandwerker, Planer und Architekten (Grafik: Viessmann)

Tipp

Für Mauerdurchführungen werden üblicherweise Futterrohre verwendet. Sie verlaufen mit einem kleinen Gefälle von innen nach außen und sind mit einer Spezialabdichtung abzudichten. Wenn Sie das Futterrohr von oben nach unten schräg nach innen abschneiden, um es herum eine Schotterisolierung auffüllen und darunter eine Hausdrainage anlegen, verhindern Sie, dass bei starkem Regen Wasser in das Rohr eindringt.

5.5.1 Systeme mit Erdkollektor

Zu Beginn der Heizperiode liefert der Flächenerdwärmeabsorber die höchste Entzugsleistung, die am Ende des Winters stark abnimmt. Die Wärmequellenanlage funktioniert nur dann einwandfrei, wenn sich der Untergrund im Sommer durch Sonneneinstrahlung und Niederschlag regenerieren kann und bis zum Ende der Heizperiode nutzbare Wärme liefert. Deshalb darf die gesamte Fläche des Erdwärmeabsorbers weder überbaut noch durch Asphalt versiegelt werden.

System Sole

Ein Solekreislauf ist ein geschlossenes System und besteht aus:

- Kollektorrohren
- Verteiler
- Entlüftung
- Umwälzpumpe
- Ausdehnungsgefäß
- Sicherheitsventil
- Isolierung oder Kondensatablauf
- flexiblen Verbindungen zur Wärmepumpe

Diese Komponenten sollten aus korrosionsbeständigem Material bestehen. Alles, was sich innerhalb des Heizraums befindet, ist entweder gegen Schwitzwasser zu isolieren oder mit einem Kondensatablauf zu versehen.

Wenn Sie Erdkollektoren auf Ihrem Grundstück verlegen möchten, brauchen Sie bei 150 m² Wohnfläche je nach Bodenbeschaffenheit (entsprechend ist die mögliche Wärmeentzugsleistung) zwischen 200 und 400 m² freie Fläche. Dort ist dann eine etwa 1,5 m tiefe Grube auszuheben. Außerdem muss der Aushub zwischengelagert werden. Das können leicht 500 m³ sein.

Der Bereich, in dem sich die Erdkollektoren befinden, darf später nicht mit Bäumen oder tief wurzelnden Sträuchern bepflanzt werden. Die Wurzeln könnten den Erdkollektor beschädigen und zu Lecks führen. Aber auch Wasserstau und Überflutungen sind zu vermeiden, damit der Kollektor nicht beschädigt wird. Bei Hanglagen sind Sie auf der sicheren Seite, wenn Sie eine Drainage vorsehen. Vor Beginn des Wärmeentzugs aus dem Erdreich muss sich dieses gesetzt haben. Andernfalls können Hohlräume zu ungleichmäßigem Wärmeentzug und Eisbildung am Kollektor führen.

Wenn nicht genügend Fläche auf dem Grundstück zur Verfügung steht, sind Künettenkollektoren eine Alternative (Anbieter z. B. Ochsner). Diese sind spiralförmig in Gräben bis zu 1,8 m Tiefe zu verlegen. Ähnlich platzsparend sind Graben-Erdkollektoren mit ihren in einem stehenden Register in 10 cm Abstand angeordneten Rohren. Der Graben ist 3 m tief, an der Basis 1,2 m und oben 2,5 m breit (Entwicklung: Ingenieurbüro Gerbert).

Checkliste für eine Sole/Wasser-Wärmepumpe mit Erdwärmekollektor:

- Wärmepumpenanlage bei der unteren Wasserbehörde anmelden.
- Grundfläche für den Erdwärmekollektor bestimmen und auf ausreichende Größe prüfen (Faustformel: je nach Entzugsleistung des Erdreichs das 1,5- bis 2-Fache der zu beheizenden Fläche).
- Gleiche Längen der Rohrkreise berücksichtigen.
- Können Sie die Verteiler für Vor- und Rücklauf außerhalb des Gebäudes unterbringen? Bei Soleanlagen in Hanglage muss der Sammelschacht mit dem Soleverteiler am höchsten Punkt liegen.

Die Größe der Kollektorfläche ergibt sich aus der von der Bodenbeschaffenheit abhängigen Entzugsleistung. Die VDI-Richtlinie 4640 liefert Vorgaben für die Auslegung und Installation von Erdwärmeanlagen.

Bodenbeschaffenheit	Entzugsleistung	Kollektorfläche pro kW WP-Leistung bei JAZ 4
Trockener, nicht bindiger Boden	10 W/m²	75 m²
Feuchter, bindiger Boden	20 bis 30 W/m²	38 bis 25 m²
Wassergesättigter Boden (Sand/Kies)	40 W/m²	19 m²

JAZ: Jahresarbeitszahl   Quelle: VDI-Richtlinie 4640

Es empfiehlt sich schon aus Platzgründen, Verteiler und Sammler eines Erdkollektors in einem Sammelschacht außerhalb des Gebäudes unterzubringen. Bei umfangreichen Kollektoranlagen oder wenn die Kollektoranlage mehr als 10 m von der Wärmepumpe entfernt ist, raten Experten unbedingt zu einem solchen Sammelschacht. Sie können ihn aus handelsüblichen Betonringen aufbauen. Wenn Sie als lichte Weite mindestens 1,5 m wählen, ist alles gut zugänglich. Voraussetzung für eine einwandfreie Entlüftung der Kollektorrohre ist, dass diese mit einer Steigung zum Verteiler und Sammler verlegt werden. In Hanglagen ist dementsprechend der Sammelschacht am höchsten Punkt zu platzieren.

Die Verbindungsleitungen vom Gebäude zum Sammelschacht verlaufen gerade mit einem leichten Gefälle in Richtung Sammelschacht. Dadurch wird das anfallende

Kondensat entsorgt. Die Verbindung muss wärmegedämmt sein. Zum Entwässern des Sammelschachts dient eine Drainage.

Schon in der Planungsphase ist auf ausreichende Abstände von etwa 1,5 m zu Gebäuden und Grundstücksgrenzen zu achten. Damit es nicht zu Frostschäden kommt, sind Kreuzungen mit Versorgungsleitungen in das Gebäude zu vermeiden: vor allem mit dem Hausanschluss für Trinkwasser.

Warnhinweis
Wärmepumpen mit zu geringer Leistung (zu lange Laufzeiten) entziehen dem Boden ständig zu viel Wärme. Das gilt in noch stärkerem Maß für unterdimensionierte Kollektorflächen. Dadurch vereist der Kollektor im schlimmsten Fall permanent und es kommt zu Bodenverwerfungen und überhöhten Heizkosten.
Der Flächenerdwärmeabsorber sollte so groß sein, dass die Sole-Eingangstemperatur am Verdampfer der Wärmepumpe selbst bei Spitzenlasten im Winter nicht unter 0 °C absinkt.

Die Verlegung des Erdkollektors ist auf waagerechtem, ebenem Untergrund am einfachsten. In Hanglagen sind die Rohre immer quer zum Hang zu verlegen. Der Verlegeabstand ergibt sich aus benötigter Kollektorfläche und Gesamtrohrlänge. Die Rohre dürfen auf keinen Fall geknickt oder abgedrückt werden.

Empfohlene Mindestverlegeabstände der PE-Absorberrohre:

Rohrdurchmesser	DA 20	DA 25	DA 32	DA 40
Mindestabstand	30 cm	50 cm	80 cm	120 cm

Wenn diese Mindestabstände nicht eingehalten werden, können sich um die einzelnen Absorberrohre Eisringe bilden: Im Extremfall verschmelzen diese zu einer großflächigen Eisplatte, was bis in den Sommer hinein das Versickern des Regenwassers behindert. Dadurch kann sich der Garten in eine Schlammwüste verwandeln.

Meist wird der Rohrdurchmesser DA 25 (25 Millimeter) gewählt, der einen guten Volumenstrom sicherstellt und mit dem das Verlegen der Absorberrohre in Mäandern oder Schnecken noch leicht zu bewerkstelligen ist.

Empfohlene Sicherheitsabstände

Zur Vermeidung von Frostschäden: Mindestverlegeabstände der Kollektorrohre zu

- Wasserleitungen: 1,5 m
- Kanälen: 1 m
- Gebäuden: 1,2 m

Experten raten zu einer Gesamtlänge eines Solekreises von maximal 100 m. Bei einem Abstand von 50 cm zwischen den Rohren sind folglich pro Solekreis mindestens 50 m² notwendig (besser 60 m²). Eine schneckenförmige Verlegung sorgt für einen gleichmäßigen Wärmeübergang bei minimalen Druckverlusten. Nachdem alle Solekreise verlegt sind, können sie durch Auseinanderziehen der Absorberrohre an die Fläche der Grube angepasst und dadurch noch etwas größere Verlegeabstände erzielt werden.

Abb. 5.15: Baugrube mit noch provisorisch verlegten Kollektorrohren

Abb. 5.16: Mauerdurchführung für Kollektorrohre

Druckprüfung

Nachdem die Absorberrohre vollständig verlegt und ausgerichtet sind, erfolgt die Prüfung auf Dichtheit. Dann wird der Solekreislauf befüllt. Anschließend ist vor dem Aufschütten der Grube der Erdkollektor mit einem Sandbett zu überziehen oder in feinen Mutterboden einzubetten, um eine optimale Wärmeübertragung sicherzustellen. Diese zeitraubende Tätigkeit können Sie leicht selbst übernehmen. Steine oder Erdbrocken um das Absorberrohr herum würden zu Lufteinschlüssen führen und die Übertragung der Wärme behindern. Im Bereich der Einmündung ins Haus sind die Kollektorrohre mit geschlossenporiger Wärmedämmung zu isolieren. Wenn Sie den Soleverteiler in einem Betonringschacht unterbringen, hat das den Vorteil, dass Sie ihn unabhängig vom Gebäude unterbringen können. Dadurch wird der Flächenerdwärmeabsorber zum eigenen, sicheren Bauabschnitt.

Erst wenn alle Absorberrohre bedeckt sind, kann die Fläche mit Aushub verfüllt werden. Wichtig ist abschließend die fachgerechte Verdichtung des Erdreichs, damit der Garten später nicht absinkt.

> **Tipp**
>
> Verlegen Sie etwa 50 cm oberhalb der Kollektorrohre Warnbänder, um eine Beschädigung der Rohre beim späteren Graben im Garten zu vermeiden.

System Direktverdampfung

Beim System Direktverdampfung zirkuliert das Arbeitsmittel der Wärmepumpe im Erdkollektor und verdampft dort. Weil Zwischenwärmetauscher und Soleumwälzpumpen entfallen, ergeben sich höhere Leistungsziffern als beim Solesystem. Für den Kollektor werden meist 75 m lange Kupferrohre verwendet, die mit Polyäthylen (PE) ummantelt sind. Bei bindigen feuchten Böden sind Abstände über 50 cm zwischen den Rohren üblich, bei sandigen, schottrigen und trockenen Böden mindestens 80 cm. Als Kältemittel kann ein biologisch abbaubares synthetisches Öl verwendet werden. Magnetventile verhindern, dass im Fall eines Druckabfalls im Kollektorbereich weitere Kältemittel von der Wärmepumpe über den Kollektor ins Erdreich gelangen.

5.5.2 Systeme mit Erdsonde

Voraussetzung für das Setzen von Bohrungen für Erdsonden ist, dass Ihr Grundstück für schweres Bohrgerät zugänglich ist. Es sollte also eine Durchfahrt von etwa 3 m Breite und 3,5 m Höhe vorhanden sein. Die Bohrarbeiten dürfen Fachfirmen mit einer Zulassung nach DVGW W 120 ausführen (Deutsche Vereinigung des Gas- und Wasserfaches e. V.).

> **Checkliste für eine Sole/Wasser-Wärmepumpe mit Erdwärmesonde:**
>
> - Wärmepumpenanlage bei der unteren Wasserbehörde anmelden
> - Platzbedarf prüfen und Lage der Erdwärmesonden festlegen
> - Können Sie die Verteiler für Vor- und Rücklauf außerhalb des Gebäudes unterbringen (Lichtschacht, Schachtringe)?
> - Ergiebigkeit des Erdreichs erkunden, soweit möglich (in Nordrhein-Westfalen beim Geologischen Dienst NRW)
> - Örtliche Gegebenheiten für das Bohrgerät überprüfen und einen Bohrgut-Auffangbehälter vorsehen.

Bodenbeschaffenheit	Entzugsleistung	Sondenlänge pro kW WP-Leistung bei JAZ 4
Trockene Sedimente	30 W/m	25 m
Schlier, Schiefer	55 W/m	14 m

JAZ: Jahresarbeitszahl   Quelle: VDI-Richtlinie 4640

Die Entzugsleistung und damit die Länge der Erdwärmesonde ist abhängig von:

- Wärmeleitfähigkeit und spezifischer Wärmekapazität des Erdreichs
- Höhe des Grundwasserspiegels und Grundwasserbewegung (beeinflusst Konvektion/Energiefluss)
- Bohrlochdurchmesser und Bohrlochverfüllung
- Jahresbetriebsstundenzahl der Wärmepumpe

Übliche Werte für die Jahresbetriebsstunden einer Wärmepumpe sind 1.800 Stunden (nur Heizung) und 2.400 Stunden (zusätzlich Warmwasserbereitung). Die VDI-Richtlinie 4640 liefert auch Vorgaben für die Auslegung und Installation von Erdwärmesonden: Die Länge der Erdwärmesonden liegt zwischen 40 und 100 m und der geringste Abstand zwischen zwei Sonden beträgt je nach Sondenlänge mindestens 5 bis 6 m. Wenn die Sonden zu nah beieinanderliegen würden, käme es zu einem Temperaturkurzschluss, der zur Abnahme der Wärmeentzugsleistung führen würde. Die Bodenbeschaffenheit, und damit die mögliche Entzugsleistung, schwankt bundesweit stark. Nur bei genauer Dimensionierung der Erdwärmesonde können überhöhte Kosten durch zu groß ausgelegte Sonden und starke Abkühlung des Bodens bis zur Frostbildung durch Unterdimensionierung der Sonden vermieden werden. Die Sondenlänge lässt sich folgendermaßen einfach berechnen:

Sondenlänge [m] = Verdampferleistung der Wärmepumpe [W] geteilt durch die spezifische Entzugsleistung der Sonde [W/m].
(Einheiten: Meter, Watt, Watt pro Meter)

Warnhinweis

Wärmepumpen mit zu geringer Leistung (zu lange Laufzeiten) entziehen dem Boden ständig zu viel Wärme. Das gilt in noch stärkerem Maß für zu kurze Sondenlängen. Dann vereist die Sonde permanent und es kommt zu Bodenverwerfungen und überhöhten Heizkosten. Außerdem kann die Sonde in einem solchen Fall beschädigt oder sogar zerstört werden.

Als Faustwert gilt: Dem Erdreich sollten höchstens 50 W pro Meter Sondenlänge entzogen werden. Wenn die Gefahr besteht, dass die Sonden vereisen, ist es besser, tiefer zu bohren oder mehrere Sonden nebeneinander zu versenken.

Als Erdwärmesonden dienen überwiegend Doppel-U-Sonden mit einem Rohrdurchmesser der Außenrohre von 25 oder 32 mm. Die Verbindung zwischen dem Sondenfuß (Umlenkung) und den Sondenrohren ist werkseitig herzustellen. Nach VDI-Richtlinie 4660 sind für die Verbindungsverfahren (Schweißverfahren) die Richtlinien des Deutschen Verbandes für Schweißtechnik (DVS) zum Verschweißen von thermoplastischen Kunststoffen verbindlich einzuhalten. Bei Schweißungen auf der Baustelle gelten die Schweißvorschriften der Hersteller. Viele Sonden werden als Komplettsonde auf die Baustelle geliefert, da einige Minuten Abkühlzeit zwischen den einzelnen Schweißungen vorgeschrieben sind.

Die wassergefüllte Sonde wird bei Bedarf zum Einbau in das fertige Bohrloch mit Gewichten beschwert. Der Raum zwischen Bohrlochwand und der Sonde ist lückenlos zu verfüllen, damit der Wärmetransport zwischen dem Gestein und der Sonde gewährleistet ist. Bis zu 50 m Bohrtiefe dient je nach Bodenaufbau und Grundwasserverhältnissen entweder Feinkies oder eine Bentonit-Zement-Suspension als Verfüllmaterial.

Grundwasserschutz

Die Wasserwirtschaft ist in Sorge, weil zunehmend Grundwasserleiter durch Erdbohrungen gefährdet werden. Der Bundesverband der Energie- und Wasserwirtschaft (BDEW) fordert eine Anzeige- und Genehmigungspflicht für alle Erdbohrungen, um sicherzustellen, dass keine Schadstoffe durch bislang undurchgängige Deckschichten ins Tiefenwasser gelangen und Trinkwasserressourcen gefährden. Derzeit ist die Frage der Haftung bei Grundwasserschäden und einem Rückbau trinkwassergefährdender Anlagen noch nicht geklärt.

Ablauf der Bohrung

Die benötigten Bohrmeter wurden berechnet und ein Angebot erstellt. Dann werden in einem Ortstermin die Bohrpunkte festgelegt, danach wird die Bohrgenehmigung eingereicht. Das Genehmigungsverfahren dauert etwa 4 bis 6 Wochen. Nun stellen Sie die Bohranzeige und erhalten diese etwa 7 bis 14 Tage später. Die Bohrfirma braucht etwa 1 bis 1,5 Tage für die Bohrung, den Einbau der Sonde und den anschließenden Verpressvorgang.
Abfolge der einzelnen Phasen:

- Bohrgerät antransportieren
- Bohrpunkt markieren
- Container für Grundwasser und Bohrgut aufstellen
- Bohrgerät einrichten
- Bohrung abschließen
- Sonde zum Einbau vorbereiten
- Sonde einlassen
- Verpressstoff anmischen
- Sondenfeld befüllen
- Bohrgerät abtransportieren
- Anbindungsleitungen absanden und Grube mit Kies/Erdreich befüllen

Abb. 5.17: Einrichten des Bohrgeräts (Foto: Junkers)

Abb. 5.18: Einbringen der Erdsondenrohre (Foto: Junkers)

Beim traditionellen Bohrverfahren, das für den Brunnenbau optimiert ist, wird das Gebirge mechanisch mit einem Bohrmeißel gelockert, nach oben gespült und entsorgt.

Neues Bohrverfahren

Anders verhält es sich beim sogenannten *Geojetting* (siehe *www.vaillant-geosystme. de*). Dieses Bohrverfahren arbeitet mit Wasserdruck von bis zu 1.000 bar. Die Energie für den Vortrieb überträgt hauptsächlich das Wasser. In der Bohrkrone tritt das Wasser durch Saphirdüsen mit so hoher Geschwindigkeit aus, dass sich das Bodengestein in eine feinstkörnige Suspension auflöst und in die Porenräume des Umgebungsgesteins gepresst wird. Die bei herkömmlichen Bohrverfahren üblichen Schlammemissionen an der Oberfläche entfallen so weitgehend. Ein weiterer Vorteil ist, dass die Bohrgeschwindigkeit gegenüber herkömmlicher Bohrtechnik vier- bis fünfmal schneller ist. Außerdem erfolgen Bohren und Verrohren gleichzeitig.

Nach dem Bohrvorgang wird die Bohrspitze durch das Bohrgestänge hindurch geborgen. Danach folgt der Einbau des Wärmeübertragers im Bohrstrang. Während des Verpressens wird der Bohrstrang entfernt, die Sondenrohre werden zentriert. Bisher waren für die Bohrung bei einem Einfamilienhaus etwa 50 % der Anlagengesamtkosten aufzubringen. Geojetting ist um 20 bis 30 % kostengünstiger. Die derzeit vorhandenen Bohrausrüstungen eignen sich für Bohrtiefen bis 300 m.

Risiken bei Tiefenbohrungen

Ein bisher einzigartiger Vorfall: Im Herbst 2007 beauftragte der Bürgermeister der süd-badischen Stadt Staufen eine Bohrfirma damit, zwischen 105 und 140 m tiefe Löcher in die Erde zu bohren, um die Erdwärme zum Heizen des Rathauses zu nutzen. Kurz nach den Bohrungen zeigten sich erste Risse im Rathaus. Aus Millimetern wurden Zentimeter, die Risse begannen auf andere Häuser überzugreifen und kontinuierlich länger und breiter zu werden. Die ganze Stadt hob sich mehrere Zentimeter pro Monat. Anfang 2009 waren bereits über 140 Hausbesitzer in Staufen geschädigt. Teilweise können sie schon in die Risse hineingreifen.

Geologen nehmen an, dass die Bohrer eine Gips-Keuper-Schicht durchstoßen haben und danach auf einen Grundwasserleiter getroffen sind, in dem das Wasser unter hohem Druck stand. Keuper ist ein Anhydrid (Kalziumsulfat). Wenn es mit Wasser in Kontakt kommt, wird es zu Gips und dehnt sich aus. Das Gestein kann bei diesem Prozess bis zu 60 % an Volumen zunehmen. Wäre vor dem Bohren ein geologisches Gutachten eingeholt worden, wäre es höchstwahrscheinlich nicht zu diesem Vorfall gekommen. Inzwischen empfiehlt das baden-württembergische Landesamt für Geologie, Erdbohrungen zu beenden, sobald Gipsauswurf zutage tritt.

Auch im westfälischen Kamen kam es im Juli 2009 zu einer Panne: Beim Bohren für eine Erdsonde stürzte die Erde ein. Als das Bohrgerät eine Tiefe von 70 m erreicht hatte, versank es im Erdreich, der Neubau eines Einfamilienhauses kippte rund 2 cm nach vorn und sackte um etwa 0,5 cm ab. Dadurch stürzte ein Gerüst an dem Bau teilweise ein. Auch an umliegenden Häusern bildeten sich Risse. Drei Häuser gelten derzeit als unbewohnbar.

Für die Sondenanbindung ist ein Graben zum Haus auszuheben, in den anschließend die Anbindungsleitungen verlegt werden. Die Sonden bestehen in der Regel aus einem PEHD-Sondenkopf (Polyethylen High Density, d. h. für die Dichte 0,94 bis 0,97 g/cm³) mit Anschluss für vier PEHD-Rohre.

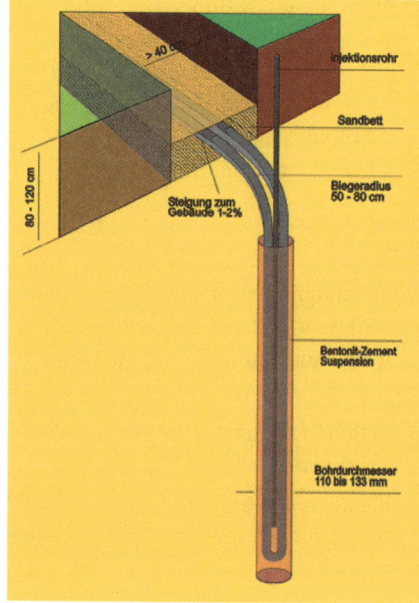

EWS - Verlängerung

Nach dem Einbau der EWS stehen die Rohre ca. 1 m über dem Terrain. Um die Rohre ins Haus zu führen, müssen sie entsprechend verlängert werden.

In der Praxis werden die Erdwärmesonden (EWS) nach zwei Arten verlängert:

● Die EWS wird direkt verlängert, d.h. jedes Rohr wird einzeln an den Verteiler im Haus geführt. Dabei müssen pro EWS vier Rohre bis ins Gebäude verlängert werden (2 mal Vor- und Rücklauf).

● Jeweils Vor- bzw. Rücklauf der beiden Solekreisläufe werden mit Y-artigen Formteilen am Sondenkopf zu einem gemeinsamen Vor- und Rücklauf zusammengefasst und so ins Gebäude geführt, d.h. pro EWS ist nur ein Vor- und Rücklauf anzuschliessen (am Verteiler).

Liegt der Sondenkopf höher als der Verteiler sollte eine Entlüftungsmöglichkeit vorgesehen werden. Die horizontalen Verlängerungen sollten in der Regel mit einer Steigung von 1 bis 2% zum Haus hin verlegt werden.

Abb. 5.19: Führung der Rohre der Erdwärmesonde ins Haus (Grafik: TERRA-THERM)

Nachdem die Sonde in die Erdwärmebohrung eingebracht worden ist, wird sie mit einer Wasser-Zement-Suspension verpresst. Diese Verpressung soll nach dem Aushärten eine dauerhafte, dichte und statisch einwandfreie Einbindung der Erdwärmesonde in den umgebenden Boden sicherstellen. Gleichzeitig ist ein guter Wärmeübergang wichtig. Der Erdsondenverteiler wird montiert und die Sonden werden mit Sole befüllt und auf Dichtigkeit geprüft.

Außerdem müssen Mauerdurchführungen für die Anbindung der Vor- und Rücklaufleitungen im Gebäude angelegt werden. Der Heizungsbauer installiert die Wärmepumpe, befüllt und spült die gesamte Anlage und nimmt sie abschließend ab.

Bei trockenem Bodenaufbau ist es bedenklich, das Bohrloch mit Kies zu verfüllen. Denn mit dem Kies wird auch Luft eingeschlossen, die dann als Isolator wirkt, was den Wärmetransport zur Wärmepumpe deutlich verringert. Außerdem können Wärmedehnungen der Sonde zu Setzungen in der Verfüllsäule führen. Darüber hinaus können Schadstoffe aus dem Kies in das Grundwasser einsickern.

Ab 50 m Bohrlochtiefe muss die Füllung über ein zusätzliches Polyethylenrohr verpresst werden (Durchmesser 20 bis 25 mm). Dabei wird der Ringraum von unten nach oben mit einer quellfähigen und frostsicheren Bentonit-Zement-Suspension oder mit einem Spezialbaustoff mit hoher Wärmeleitfähigkeit aufgefüllt.

Die Sondenrohre der Erdwärmesonden (in der Regel sind es mehrere) werden in parallel geschalteten Kreisen zum Verteiler geführt. Die Verbindungsleitungen zum

Haus verlaufen 1,2 bis 1,5 m tief im Boden im frostfreien Bereich. Möglichst tief liegende Leitungen und Anschlüsse minimieren die Wärmeverluste im Winter.

Bei mehreren Sonden können geeignete Regelvorrichtungen dafür sorgen, dass die Volumenströme in allen Rohrleitungen gleichmäßig sind. Das ist wichtig für einen optimalen Wärmeentzug, denn eine geringere Durchströmung liefert weniger Wärme.

Warnung vor versteckten Mehrkosten

In der Praxis kommt es offenbar öfter vor, dass die Bohrungen wesentlich teurer werden, als in der Planung veranschlagt. Die Gründe dafür können sein:

- Zusätzliche Kosten werden vergessen, z. B. die Wiederherstellung des Grundstücks.
- Der Aufwand wird unterschätzt. Wenn sich der Bedarf an zusätzlichen Arbeiten erst während des Bauens ergibt, entstehen entsprechende Mehrkosten.

Vorsicht ist bei Kostenvoranschlägen geboten, die nur einen Grundpreis pro Bohrmeter nennen oder offene Posten enthalten mit Formulierungen wie „je nach den Gegebenheiten" oder „bauseitig zu erledigen".

Bei Soleanlagen sind alle Anlagenteile, Kollektor oder Sonde nach dem Einbringen in das Erdreich auf Dichtheit zu prüfen (1,5-facher Betriebsdruck, Protokoll anlegen). Danach kann die Soleanlage gefüllt werden. Das Vorgehen:

- Frostschutzgemisch in einem geeigneten Behälter ansetzen (mischen nach Herstellerangaben)
- Spülen von Kollektor oder Sonde mittels Füllpumpe oder Wasserleitung, um Verunreinigungen zu entfernen; eine 100-m-Sonde wird z. B. mindestens 3 min mit 2 bis 3 bar Druck gespült
- Füllen des Systems mit einer ausreichend starken Füllpumpe, dabei Schaumbildung vermeiden
- Blasenfrei spülen, bis keine Luft mehr im System ist, vollständig entlüften

Im Betriebszustand strömt die Sole vom Vorlaufverteiler aus durch die beiden Vorlaufrohre nach unten, wird im Sondenfuß umgelenkt und strömt über die Rücklaufrohre und den Rücklaufverteiler wieder zur Wärmepumpe zurück. Das Heizsystem nutzt nur eine geringe Temperaturdifferenz von etwa 5 °C zwischen Vorlauf und Rücklauf. Diese dem Boden entzogene Wärme bringt die Wärmepumpe auf das gewünschte Temperaturniveau für Heizung oder Brauchwasser.

5.5.3 Grundwasserwärmepumpen

Es muss eine ausreichende Grundwassermenge vorhanden sein und Sie brauchen eine amtliche Genehmigung. Durch einen dreitägigen Dauerpumpversuch kann geklärt werden, ob die Ergiebigkeit des Förderbrunnens ausreicht. In Wasser- oder Heilquellen-Schutzgebieten wird die Genehmigung in der Regel nicht erteilt. Wenn Sie direkten Zugang zu einem Fluss haben, können Sie eventuell über einen Zwischenkreis auch die Wärme seines Wassers nutzen. Aber Oberflächenwasser eignet sich nur in Ausnahmefällen. Das System kann durch Algen und Schwebstoffe verschmutzen oder bei der Schneeschmelze zu stark abkühlen.

Checkliste für eine Wasser/Wasser-Wärmepumpe, Brunnenanlage

- Anmeldung bei der unteren Wasserbehörde veranlassen
- Ist genug Grundwasser für den Wärmepumpenbetrieb vorhanden?
- Auf der sicheren Seite sind Sie, wenn Sie einen Pumpversuch mithilfe eines Wasserzählers durchführen. Überschlägig wird eine Wassermenge von 180 bis 220 l pro Stunde und pro Kilowatt Heizleistung bei einer Grundwassertemperatur von 8 bis 12 °C, und wenn das Wasser beim Wiedereinleiten 3 °C kälter ist, benötigt.
- Wasseranalyse erstellen oder in Auftrag geben
- Fällt die Wassertemperatur auch bei sehr niedrigen Außentemperaturen nicht unter +7 °C?
- Ist gewährleistet, dass der Abstand zwischen Förder- und Schluckbrunnen mindestens 15 m beträgt?
- Tauchpumpe für die Förderung des Grundwassers vorsehen
- Die Brunnenanlage muss mindestens zwei Tage lang laufen, bevor die Wärmepumpe angeschlossen wird, um Verunreinigungen auszuspülen.

Wasserqualität

Wenn das Grundwasser chemisch aggressiv ist, besteht die Gefahr, dass die Anlage schnell korrodiert: Die Leitfähigkeit des Wassers sollte maximal bei 450 mikro-Siemens pro Zentimeter liegen. Bei Wasser mit vielen Schwebstoffen oder niedrigem Sauerstoff- und hohem Eisen- oder Mangangehalt kann der Brunnen verschlammen. Kritisch sind Werte über 0,2 mg/l bei Eisen und über 0,1 mg/l bei Mangan. Vom Wärmepumpenhersteller erfahren Sie die genauen Anforderungen an die Wasserqualität. Wichtige Messgrößen sind die elektrische Leitfähigkeit des Wassers, sein pH-Wert sowie sein Gehalt an absetzbaren Stoffen, Ammonium, Eisen, Chlor, Chlorid, Kohlensäure, Mangan, Nitrat, Sauerstoff und Sulfat.

Die Werte in folgender Tabelle sind nur eine unverbindliche Empfehlung. Bitte fordern Sie die Herstellerangaben an.

Wassereigenschaft	Messwert	Bewertung
Elektrische Leitfähigkeit in µ-Siemens/cm bei 20 °C	>450	--
pH-Wert	<6	O
	6 – 8	+
	>8	--
Absetzbare Stoffe (mg/l)	>0	O
Ammonium (mg/l)	<2	+
	2 – 20	O
	>20	--
Chlor, freies (mg/l)	<0,5	+
Chlorid (mg/l)	0 – 100	+
	>100 – 1.000	O
	>1.000	--
Eisen (mg/l)	>0,2	O
Kohlensäure, freie aggressive (mg/l)	<5	+
	5 – 20	O
	>20	--

+ gut

O wenn diese Bewertung mehrmals auftritt, können Korrosion, Verschlammung und Verockerung auftreten

-- von der Verwendung des Grundwassers ist abzuraten

Achtung: Düngung kann die Wasserqualität beeinträchtigen.

Der Untergrund muss wasserdurchlässig sein. Von der Fließrichtung des Grundwassers hängt ab, wo Förder- und Schluckbrunnen am besten zu platzieren sind. Ein ausreichender Abstand zwischen den Brunnen ist wichtig, um einen Wärmekurzschluss und den damit verbundenen Minderertrag der Wärmequellanlage zu vermeiden. Der Schluckbrunnen sollte in Richtung des Grundwasserstroms etwa 10 bis 15 m entfernt vom Förderbrunnen liegen. Die Analyse des Wassers und der Bau der Brunnen sind Sache eines erfahrenen Brunnenbauers. Es gibt Fachfirmen, die sich auf das Graben oder Bohren von Brunnen spezialisiert haben. Die Erschließungskosten steigen mit der Grundwassertiefe.

Komponenten

Die Wärmequellenanlage besteht aus Förder- und Schluckbrunnen, Brunnenpumpe, Rückschlagventil, Förderleitungen, rückspülbarem Filter, zwei Manometern, zwei Thermometern sowie flexiblen Verbindungen zur Wärmepumpe.

Wichtige Punkte bei der Wärmequelle Grundwasser sind:

- Die Verbindungsleitungen sind frostsicher und mit Gefälle zum Brunnen zu verlegen.
- Die Fließgeschwindigkeit sollte nicht zu hoch sein, sonst ist die Wärmeabgabe nicht optimal; 0,8 m pro Sekunde oder weniger sind ein guter Wert.
- Alle Grundwasser führenden Leitungen sowie der Flex-Schlauch im Haus sind gegen Schwitzwasser zu isolieren.
- Vom Förderbrunnen zur Wärmepumpe wird ein zusätzliches Futterrohr für die elektrische Zuleitung zur Förderpumpe benötigt.

5.5.4   Systeme mit der Wärmequelle Umgebungsluft

Die Jahresarbeitszahlen von Luft-Wärmepumpenheizsystemen sind wesentlich kleiner als bei den anderen Systemen. Der Anteil der elektrischen Energie ist entsprechend hoch. Deshalb sind Sie bei ökologisch Denkenden verpönt. Besonders bedenklich ist ihr Einsatz in schlecht gedämmten Altbauten mit Radiatorheizkörpern, die hohe Vorlauftemperaturen brauchen.

Checkliste für eine Luft/Wasser-Wärmepumpe für Außenaufstellung

- Bei der Wahl des Orts für die Aufstellung der Wärmepumpe darauf achten, dass ihre Betriebs- und Luftgeräusche später niemanden stören
- Die Luftführung so legen, dass die Ausblasrichtung möglichst in der Hauptwindrichtung liegt
- Raum für Wartung und Betrieb freihalten
- Mindestabstände zu Begrenzungsflächen einhalten
- Fundament planen, kostet maximal 1.000 €.
- Möglichst kurze Leitungswege zum Anschluss der Heizung vorsehen
- Frostfreien Kondensatabfluss sicherstellen

Checkliste für eine Luft/Wasser-Wärmepumpe für Innenaufstellung

- Ort für die Aufstellung der Wärmepumpe festlegen und dabei die Kanalführung für die Luft berücksichtigen

- Luftansaug- und -ausblasöffnungen vorsehen

- Bei der Planung der Luftführung die mögliche Geräuschentwicklung der Anlage beachten und einen Kurzschluss der Luftströme unbedingt vermeiden

- Die Maximallänge der gesamten Luftführung darf 8 m nicht überschreiten

- Gerätefundament vorsehen

- Frostfreien Kondensatabfluss sicherstellen

- In Abhängigkeit vom verwendeten Kältemittel: Abluftleitung für die Entlüftung der Wärmepumpe vorsehen

Bei der Wärmequelle Luft ist die Festlegung der zum Gebäude passenden Wärmepumpenleistung besonders wichtig. Der Wärmebedarf steigt mit abnehmender Außentemperatur, gleichzeitig nimmt die Wärmeleistung der Luft/Wasser-Wärmepumpe ab. Deshalb wäre eine Wärmepumpe, die den gesamten Wärmebedarf des Hauses auch bei tiefsten Außentemperaturen deckt, entsprechend überdimensioniert und teuer. In der Übergangszeit würde so eine Wärmepumpe vermehrt ein- und ausschalten, was zu einem ungünstigen Wirkungsgrad und hohen Betriebskosten führte. Die Alternative ist: Bei tieferen Außentemperaturen springt eine Zusatzheizung an und schließt die dann mit sinkender Temperatur größer werdende Heizenergielücke. Diese sogenannte *bivalente Anlage* wird in unseren Breiten oft gewählt, obwohl es wenig sinnvoll und entsprechend teuer ist, zwei Heizsysteme parallel zu betreiben.
Liegt die Temperatur der Außenluft unter 7 °C, kann es nach dem Wärmeentzug am Verdampfer zu Eisansatz kommen. Deshalb befindet sich dort eine Abtauvorrichtung, die zusätzlich Strom verbraucht. Für das anfallende Tauwasser ist ein Ablauf notwendig. Es ist wichtig, die Querschnitte der Zu- und Abluftkanäle genügend groß zu wählen, damit es keine Geräuschprobleme durch die großen benötigten Luftmengen gibt. Zusätzlich können Schalldämmelemente eingebaut werden.

Wichtig für Luft/Wasser-Wärmepumpen

Bei Außenaufstellung sollten die außerhalb des Gebäudes verlaufenden Heizleitungen zwischen Wärmepumpe und Heizraum zwingend wärmegedämmt sein, andernfalls ginge dort sehr viel Wärme verloren.

Bei einigen Geräten ist das Betriebsgeräusch recht laut. Stellen Sie die Wärmepumpe besser dort auf, wo sich kein Nachbar gestört fühlen kann.

Die angesaugte Außenluft kann vor der Zuführung zur Wärmepumpe durch ein Schotterbett oder in der Erde verlegte Rohre geleitet und dadurch vorgewärmt werden. Dadurch steigt die Effizienz der Anlage.

Anlagentypen

Kompaktanlage

Bei einer Kompaktanlage sind Verdampfer und Wärmepumpe als Einheit angeordnet. Sie steht in der Regel im Heizungsraum und saugt die Außenluft über einen Zuluftkanal an. Nach dem Wärmeentzug im Verdampfer führt die Anlage die abgekühlte Luft über einen Fortluftkanal wieder ins Freie. Der Hersteller baut Kompaktanlagen anschlussfertig zusammen und füllt sie mit dem Arbeitsmittel. Vor Ort wird nur noch eine Schalldämmung zwischen Boden oder Wand und Gerät angebracht und die Leitungen werden angeschlossen. Schalldämmelemente im Fortluftkanal verhindern störende Geräusche im Haus.

Außenaufstellung

Bei Außenaufstellung der Wärmepumpenanlage sind Zu- und Fortluftkanäle überflüssig. Sie ist durch zwei wärmegedämmte Rohre mit dem Vor- und Rücklauf des Heizwasserkreislaufs verbunden. Wegen der Schallimmissionen ist es nicht empfehlenswert, diesen Anlagentyp unmittelbar neben Fenstern von Wohn- und Schlafräumen aufzustellen.

Splitanlagen

Bei Splitanlagen steht der Verdampfer separat außerhalb des Gebäudes. Zwischen dem Verdichter im Haus und der Außenanlage zirkuliert das Arbeitsmittel der Wärmepumpe. Von diesem ist bei diesem Anlagentyp entsprechend mehr erforderlich.

Kleinwärmepumpe

Die Kleinwärmepumpe braucht wenig Platz und wird steckerfertig für einen normalen 230-Volt-Anschluss geliefert. Mit rund 4 kWh Heizleistung kann sie in einem gut gedämmten Haus bis zu 70 % des Heizwärmebedarfs decken. An sehr kalten Tagen kann z. B. ein Holzofen die Heizung übernehmen.   ▶

Wärmepumpenboiler

Wärmepumpenboiler haben allein die Aufgabe, den Warmwasserbedarf zu decken und werden zu Niedertarifzeiten aufgeheizt. Die Wärmepumpe heizt das Wasser auf etwa 40 °C auf, danach wird elektrisch nachgeheizt. Der Stromverbrauch ist etwa halb so hoch wie bei einem herkömmlichen Elektroboiler, der Preis von etwa 2.000 € jedoch erheblich höher. Nur ein ungeheizter, gegenüber geheizten Räumen gut wärmegedämmter Raum eignet sich zur Aufstellung, andernfalls entzieht die integrierte Wärmepumpe dem Raum die vorher teuer bereitgestellte Wärme.

Innenaufstellung
Bei der Aufstellung im Haus ist beachtenswert:

- Die Abstände zu Wänden sind so zu bemessen, dass später die Wartung problemlos möglich ist. Ein Ablauf für das Kondenswasser ist vorzusehen.
- Die Öffnungen für die Luftansaugung und das Ausblasen sind vor dem Verschmutzen durch Laub und anderes zu schützen.
- Heizungsanschlüsse mit flexiblen Leitungen minimieren das Übertragen von Körperschall.
- Thermische Kurzschlüsse sind zu vermeiden. Wenn Zu- und Abluft fast gleich warm sind, heizen Sie überwiegend mit elektrischer Energie.

Abb. 5.20: Für die Innen-
aufstellung geeignete
Luft/Wasser-Wärmepumpe
(Foto: Junkers)

Außenaufstellung

Wichtig bei der Aufstellung außen:

- Ein tragfähiges Fundament ist zu erstellen.
- Kurze Leitungswege von der Wärmepumpe zum Gebäude minimieren die Wärmeverluste.
- Für minimale Geräuschbelastung ist zu sorgen, z. B. durch bauliche Hindernisse zur Schalldämmung.
- Eine Ableitung für das Kondensat ist vorzusehen.
- Auch hier ist ein thermischer Kurzschluss zwischen Zu- und Abluft auszuschließen.

Abb. 5.21: Eine nach Herstellerangaben besonders leise Luft-Wärmepumpe für die Außenaufstellung. (Foto: Stiebel-Eltron)

5.6   Einbinden der Wärmepumpe ins Heizsystem und Inbetriebnahme

Die Wärmenutzungsanlage besteht aus den Komponenten:

- Puffer-, Trennspeicher oder Wasserweiche
- Umwälzpumpe
- Rohrsystem und Anschlussgruppe
- Wärmeabgabesystem Fußboden-, Wand- oder Radiatorenheizung
- gegebenenfalls separate Warmwasserbereitung

Die Einbindung einer Wärmepumpen-Heizanlage in das Heizsystem erfolgt genauso wie die einer Anlage, die einen mit Heizöl oder Erdgas befeuerten Kessel hat. Anstelle des Kessels stellt die Wärmepumpe die angeforderte Wärme bereit. Oft wird ein einfacher wärmeisolierter Stahlbehälter in das System eingebunden, weil das den Hausbewohnern ermöglicht, einen unterbrechbaren Stromliefervertrag abzuschließen, was den Strompreis reduziert.

Die Trennung des Wasserkreislaufs zur Wärmeerzeugung in der Wärmepumpe vom Heizungswasserumlauf führt dazu, dass die Laufzeit der Wärmepumpe abnimmt. Dadurch erhöht sich ihre Lebensdauer. Wenn Sie die Steuerung der Wärmepumpe so einstellen, dass diese vorrangig in der Nacht den Pufferspeicher mit Wärme auflädt, können Sie mit dem Energieversorger günstige Nachtstromtarife vereinbaren. Wenn der Heizkreis gleitend geregelt wird, d. h. die Wärmeerzeugertemperatur gleich der Vorlauftemperatur ist, erreicht die Anlage ihre optimale Leistungszahl. Wenn der Heizkreis mit einem Mischventil ausgestattet würde, wäre die Vorlauftemperatur höher und die Wärme erreichte dann eine entsprechend schlechtere Leistungszahl. Gemischt werden muss in der Regel nur, wenn eine Fußbodenheizung mit Radiatoren kombiniert wird.

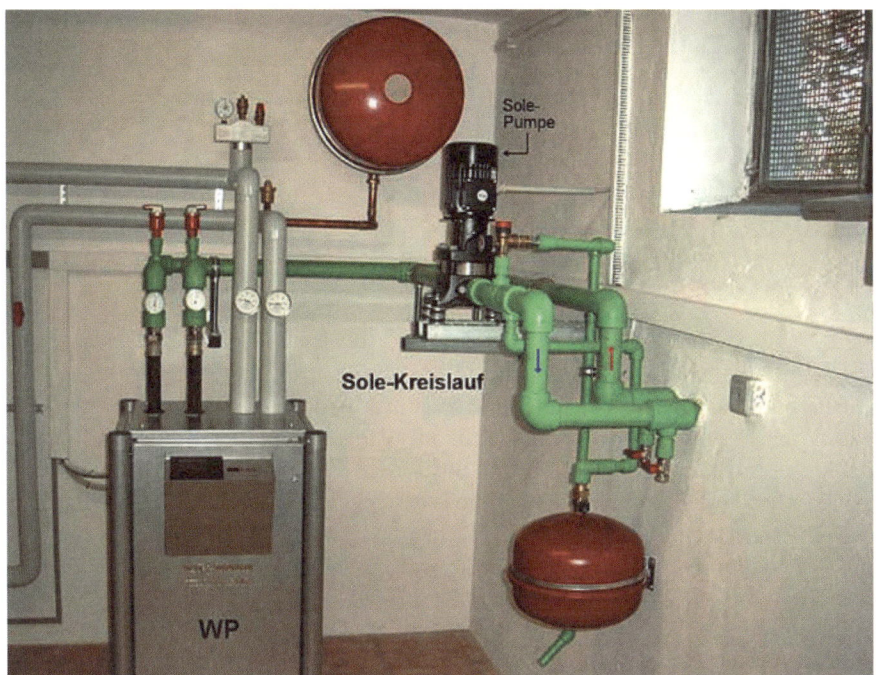

Abb. 5.22: Wärmepumpe mit den Anschlüssen an den Solekreislauf und den Heizkreis (Foto: TERRA-THERM)

Wärmeabgabesystem/Kühlflächen

Mit etwas Erfahrung können Sie das Wärmeabgabesystem selbst einbauen. Eine Firma braucht für das Verlegen einer Fußbodenheizung etwa zwei Tage und kostet um die 1.000 €. Ein geschickter Heimwerker braucht dafür rund eine Woche. Aber wenn es später zu Problemen im Gesamtsystem kommt, gibt es vermutlich Streit bei Fragen der Gewährleistung.

Abb. 5.23: Fußbodenheizung, Wärmepumpe und Speicher (Foto: Roth Werke)

Anhydrit-Estriche können entsprechend den Herstellerangaben aufgeheizt werden. Für Zementestriche gilt die Regel, dass sie frühestens nach einer Anbindezeit von 21 Tagen aufgeheizt werden sollten.

Hydraulische Trennung

Die gesamte Heizleistung der Wärmepumpe soll immer vollständig vom Heizkreis abgenommen werden. Die hydraulische Trennung sorgt für einen ausreichenden Volumenstrom innerhalb der Wärmenutzungsanlage. Das wird entweder durch den Einbau eines Trenn-Entkoppelungsspeicher oder einer Wasserweiche erreicht.

Pufferspeicher

Ein zusätzlicher Pufferspeicher dient dazu, Sperrzeiten seitens des Energieversorgers zu überbrücken oder den zusätzlichen Wärmebedarf bereitzustellen, den die Raumheizung über Radiatoren benötigt. Er verringert auch die Schalthäufigkeit der

Wärmepumpe. Das den Wärmepumpenkompressor verschleißende Takten unterbleibt.

Bei Fußboden- und Wandheizungen ist ein zusätzlicher Pufferspeicher überflüssig, da genügend Speichermassen im Estrich oder der Wand vorhanden sind, um auch Sperrzeiten zu überbrücken.

Umwälzpumpe

Wenn Sie einen Trennspeicher oder eine Wasserweiche in Ihrer Anlage haben, braucht diese zusätzlich zur Heizungsumwälzpumpe eine Pufferladungspumpe. In diesem Fall sind beide Pumpen für den gleichen Massestrom auszulegen.

Anschlussgruppe

Einige Hersteller liefern vormontierte Anschlussgruppen mit entsprechend ausgelegten Umwälzpumpen. Sie bestehen aus Pufferladepumpe und/oder Heizungsumwälzpumpe, Ausdehnungsgefäß, Kugelhähnen, Thermometer, Manometer und Wärmedämmung. In manchen Baureihen ist die Pufferlade- oder Heizungsumwälzpumpe bereits in der Wärmepumpe eingebaut.

Elektroanschluss

Nur dazu befugte, konzessionierte Fachleute dürfen die Wärmepumpe elektrisch anschließen. Der Elektriker stellt einen Anschlussantrag beim Energieversorger. Die elektrische Energie für Wärmepumpen wird entweder nach allgemeinen Tarifen abgerechnet oder mit einem Sondertarif, z. B. einem unterbrechbaren Tarif. Bei der Nutzung von Sondertarifen brauchen Sie zwei zusätzliche Zählerplätze: einen für den Sondertarifzähler und einen für eine Schaltuhr oder einen Tonfrequenz-Rundsteuerempfänger (TRE).

Der Rundsteuerempfänger schaltet von Hochtarif auf Niedertarif (Nachtstrom) und umgekehrt. Der Energieversorger stellt und montiert das Gerät.

Wenn die Wärmepumpe an das Stromnetz angeschlossen ist und Wärmequellen- und Wärmenutzungsanlage betriebsbereit installiert und geprüft sind, kann der Werks- oder Vertragskundendienst die Anlage in Betrieb nehmen. Dabei erstellt er ein Inbetriebnahmeprotokoll und weist die künftigen Nutzer in die Anlage ein.

Abb. 5.24: Einstellung des Reglers am Bedienfeld der Wärmepumpe (Foto: Junkers)

6 Heizung mit Sonnenkollektoren kombinieren

In unseren Breiten bringt es die Summe aus direkter und diffuser Sonnenstrahlung bis auf maximal 1 kW/m². Sonnenkollektoren wandeln bis zu 75 % der „eingefangenen" Sonnenenergie in Wärme um und geben diese an ein Trägermedium weiter, entweder an Luft oder an Wasser, das oft das Frostschutzmittel Glykol enthält. Die so gewonnene Wärme kann das Brauchwasser aufheizen, die Heizung unterstützen oder das Wasser in einem Schwimmbad erwärmen. Außerdem lässt sich viel Strom sparen, wenn Waschmaschine und Spülmaschine mit solarerwärmtem Wasser betrieben werden.

Der Wiener Architekt Georg W. Reinberg hat berechnet, dass beim Bau eines Passivhauses mit einem Heizwärmebedarf von 15 kWh/m²a (Kilowatt pro Quadratmeter und Jahr) jede eingesparte Kilowattstunde mehr als viermal so teuer ist, als wenn man sie durch Sonnenkollektoren gewänne und dafür die Dämmung auf einen Heizwärmebedarf des Hauses von 40 kWh/m²a auslegte.

Es ist kein Problem, mit heute verfügbarer ausgereifter Technik ein Haus zu bauen, das überwiegend mit Sonnenwärme beheizt wird. In einem Sonnenhaus liefert eine großflächige thermische Solaranlage mehr als 50 % des gesamten Wärmebedarfs für Raumheizung und Warmwasser. Dazu trägt ein Pufferspeicher entscheidend bei. Er muss entsprechend groß sein, da 1 m³ Wasser beim Aufheizen von 30 °C auf 90 °C nur 70 kWh Wärmeenergie speichert. In der Praxis liefert ein sehr gut gedämmter Speicher mit zehn Kubikmetern Inhalt, der im Oktober noch auf 90° C aufgeheizt wird, bei etwa drei bis fünf weiteren Sonnentagen genug Wärme, um ohne Zuheizen über den November zu kommen.

Abb. 6.1: Sonnenhaus mit großflächigem Sonnenkollektor und großem Wärmespeicher im Treppenhaus (Grafik: Sonnenhaus-Institut)

Ist die Nachheizung des Pufferspeichers erforderlich, übernimmt in den meisten Fällen ein Holzofen mit Wassereinsatz im Wohnraum diese Aufgabe. Die raumweise regelbare Strahlungswärme verteilt ein Flächenheizsystem.

6.1   Brennstoff durch thermische Solaranlagen sparen

Das Erwärmen von Wasser erfordert im Gebäudebestand etwa 10 % bis 15 % der Heizenergie, in Niedrigenergiehäusern sogar bis zu 30 %. Rund 4 bis 5 m² Kollektorfläche und ein Wasserspeicher mit 300 l Inhalt reichen aus, um den Warmwasserbedarf einer vierköpfigen Familie im Jahresmittel etwa zu 60 % zu decken. Es gibt gute Berechnungsprogramme, die Ihnen dabei helfen, die Wirtschaftlichkeit einer von Ihnen geplanten solarthermischen Anlage vorab zu prüfen, z. B. vom Institut für Solartechnik im schweizerischen Rapperswil (siehe Anhang). In der Regel geht die Software von der – unrealistischen – Annahme aus, dass die Energiepreise während der etwa 20-jährigen Laufzeit der Anlage stabil bleiben, was zu einer eher pessimistischen Einschätzung ihrer Wirtschaftlichkeit führt.

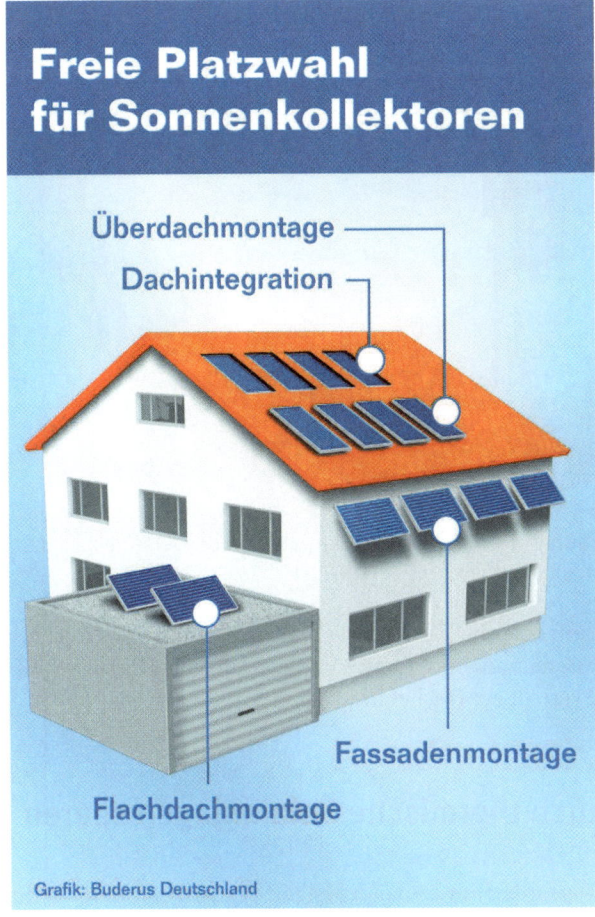

Abb. 6.2: Montagemöglichkeiten für Sonnenkollektoren (Grafik: Bosch Thermotechnik GmbH)

Sonniges Deutschland

Im Süden scheint die Sonne zwar stärker, aber auch in
Norddeutschland lässt sich die Sonnenenergie nutzen

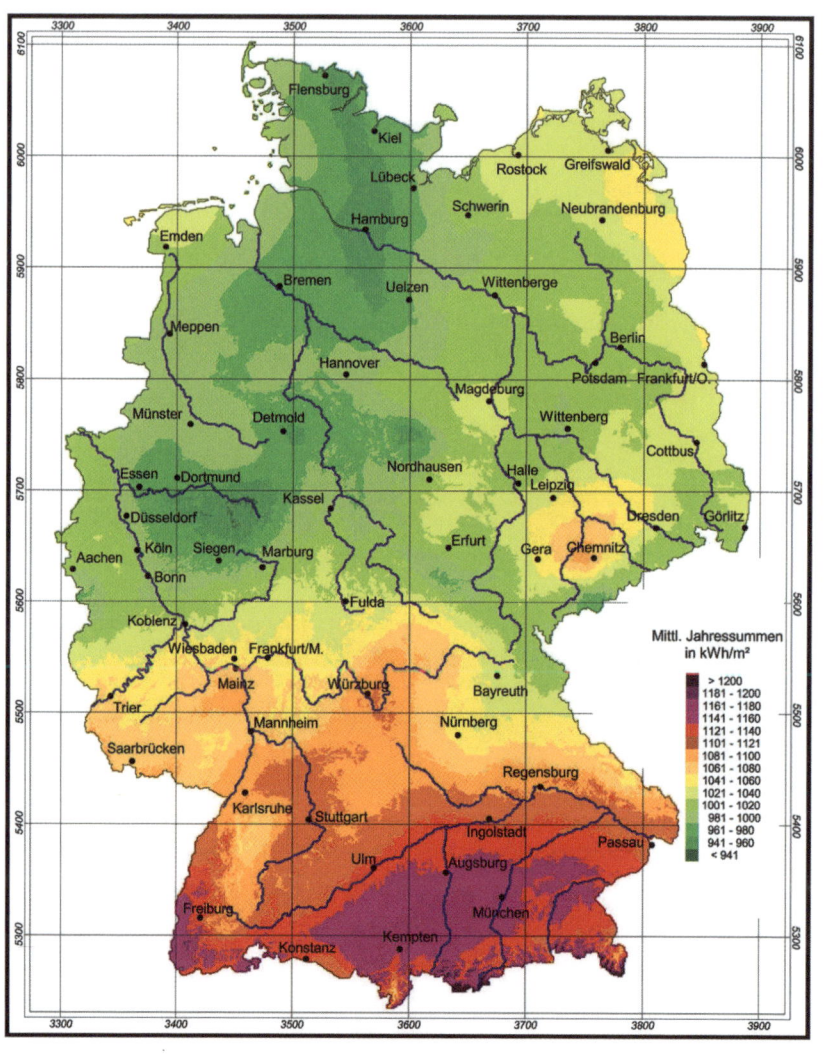

Abb. 6.3: Sonnenscheindauer in Deutschland (Grafik: Bausparkasse Schwäbisch Hall)

Am Anfang steht die Standort- und Bedarfsanalyse. Vor dem Einholen erster Angebote ist es sinnvoll, sich über folgende Punkte klar zu werden:

- Soll die Anlage nur das Brauchwasser erwärmen oder auch die Heizung unterstützen? Wie hoch soll der solare Deckungsanteil sein?
- Wie hoch ist Ihr Warmwasserverbrauch?
- Wohin sollen die Kollektoren (ins/aufs Dach, Fassade, Garage) und der Warmwasserspeicher?
- Wie viel Fläche in welcher Lage eignet sich für die Kollektoren?
- Ist diese Montagefläche auch in einigen Jahren noch schattenfrei (Beispiel: Bäume, auch auf dem Nachbargrundstück)?
- Bei Dachmontage: Ist das Dach ausreichend tragfähig und in so gutem Zustand, dass in den nächsten 20 Jahren keine Reparaturen oder gar eine Sanierung zu erwarten sind?
- Wo sollen die Leitungen zwischen Kollektoren und Speicher verlaufen und wie lang wird folglich der Solarkreis?
- Wie viel Raum ist für den Solarspeicher vorhanden (Speichervolumen, Stellfläche, Höhe, Türbreite)?
- Bei Heizungsunterstützung: Wie groß ist die beheizte Wohnfläche, welche Heizung ist eingebaut, Brennstoff, Jahresverbrauch, Vor- und Rücklauftemperatur, welche Heizkörpertypen?
- Sind Baugenehmigungen einzuholen?

Bei dieser Analyse ist das Formblatt „RAL-S2-Standortbeurteilung" des RAL (Reichsausschuss für Lieferbedingungen)-Gütezeichens „Solarenergieanlagen 966" eine gute Gedächtnisstütze. Sie finden es auf der Internetseite *www.gueteschutz-solar.de*. Dieses Muster stammt vom „RAL Deutsches Institut für Gütesicherung und Kennzeichnung e. V.".

Anlagenkomponenten

Eine Solarwärmeanlage besteht aus folgenden Komponenten:

- Sonnenkollektoren
- hoch wärmegedämmte Solarleitung
- Solarspeicher
- Ausdehnungsgefäß
- Regelung
- Sicherheitseinrichtungen

- Pumpengruppe
- Leitungen

zusätzlich eventuell:

- Wärmemengenzähler
- Datenlogger zur Überwachung

Abb. 6.4: Funktionsschema: Wärme zu 100 % aus erneuerbaren Energien durch Pellet-heiztechnik kombiniert mit einer Solarwärmeanlage (Grafik: Wagner & Co., Cölbe)

Wichtigster Bestandteil des Sonnenkollektors ist der Absorber, der meistens aus mehreren schmalen Metallstreifen besteht. Oft sind diese aus Kupfer oder Aluminium, nur reine Schwimmbadabsorber sind aus Kunststoff. Die Absorberstreifen leiten die auftreffende Sonnenwärme in ein mit ihnen verbundenes Rohr, durch das das Wärmeträgermedium strömt. Umwälzpumpen und Regeleinrichtungen sorgen dafür, dass die Wärmeträgerflüssigkeit über einen Wärmetauscher Trinkwasser in einem Speicher erwärmt und das warme Wasser bei Bedarf den Verbraucher erreicht. Nur Speicherkollektoren, die gleichzeitig Kollektor und Trinkwasserspeicher sind, benötigen keine Umwälzpumpen und Regeleinrichtungen. Sie werden häufig in südlichen Ländern eingesetzt.

Es gibt auch Anlagen, die keine Wärmeträgerflüssigkeit verwenden, sondern die Kollektoren direkt in den Heizungskreislauf einbinden. Entweder werden die Kollektoren bei Frostgefahr über dem Gefrierpunkt temperiert oder die Kollektoren laufen selbstständig leer (drain back). Vorteile sind der Entfall des Wärmetauschers und ein höherer Wirkungsgrad. Hersteller solcher Anlagen sind unter anderem die Firmen Paradigma, Consolar und Wagner & Co.

Da schwarze Oberflächen einfallende kurzwellige Sonnenstrahlung besonders gut aufnehmen und kaum reflektieren, sind Absorber meistens schwarz. Ein großer Teil der aufgenommenen Sonnenenergie geht in Form von langwelliger Wärmestrahlung allerdings wieder verloren, da der Absorber eine höhere Temperatur erreicht als seine Umgebung. Diese Verluste gibt der Hersteller im Emissionsgrad des Kollektors an. Hocheffiziente Absorber haben eine selektive Beschichtung, die einerseits die Sonnenstrahlung gut durchlässt und andererseits die Emission von Wärmestrahlung weitgehend verhindert. Absorptionsgrade von über 90 % oder Emissionsgrade von unter 10 % sind die Regel.

Flachkollektor

Flachkollektoren bestehen aus Gehäuse, Absorber, Wärmedämmung und einer transparenten Abdeckung, die meistens aus eisenarmem Solarsicherheitsglas besteht. Das lässt kurzwellige Strahlung weitestgehend herein und nur wenig Wärmestrahlung heraus (Treibhauseffekt). Gemeinsam mit dem Gehäuse aus Aluminium, verzinktem Stahlblech oder glasfaserverstärktem Kunststoff schützt die Abdeckung den Absorber vor Witterungseinflüssen. Eine Wärmedämmung aus Polyurethanschaum, Mineralwolle oder Mineralfaser auf der Rückseite des Absorbers vermindert die Wärmeverluste durch Wärmeleitung. Aus sogenannten Vakuum-Flachkollektoren wird in Abständen von ein bis drei Jahren die Luft herausgepumpt, um die Konvektionsverluste im Kollektorkasten zu minimieren.

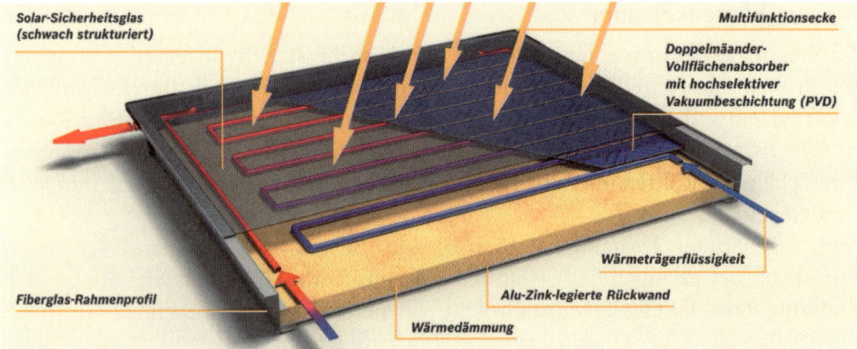

Abb. 6.5: Flachkollektor (Grafik: Junkers)

Bei Flachkollektoren haben Sie die freie Auswahl zwischen Indach- und Aufdach-
montage oder Freiaufstellung mit optimaler Ausrichtung zur Wintersonne.

Abb. 6.6: Über dem Dach aufgeständerte Kollektoren bringen im Winter das Optimum an
Ertrag. (Foto: Reinhard Hoffmann)

Vakuum-Röhrenkollektor

Bei diesem Kollektortyp befindet sich der Absorberstreifen in einer evakuierten, druckfesten Glasröhre. Die Wärme transportierende Flüssigkeit durchströmt den Absorber entweder direkt in einem U-Rohr oder in einem Rohr-im-Rohr-System im Gegenstrom. Der Sonnenkollektor besteht entweder aus mehreren hintereinandergeschalteten Röhren oder aus Röhren, die einseitig über eine Sammelleitung verbunden sind.

Beim sogenannten Heat-Pipe-Röhrenkollektor befindet sich in einem Wärmerohr eine schon bei geringen Temperaturen verdampfende Flüssigkeit. Bei Sonneneinstrahlung steigt der Flüssigkeitsdampf im Wärmerohr auf und gibt seine Wärme über einen Wärmetauscher (Kondensator) an ein Sammelrohr ab, das von Wärmeträgerflüssigkeit durchflossen wird. Dabei kondensiert der Dampf und fließt als Flüssigkeit wieder an das untere Wärmerohrende zurück. Dieser Verdampfungs- und Kondensationsprozess funktioniert jedoch nur, wenn die Röhren eine bestimmte Mindestneigung gegenüber der Horizontalen haben.

Es gibt zwei Arten der Röhrenkollektoranbindung an den Solarkreislauf: Entweder ragt der Wärmetauscher in das Sammelrohr hinein (nasse Anbindung) oder er leitet die Wärme und ist mit dem Sammelrohr verbunden (trockene Anbindung). Die trockene Anbindung hat den Vorteil, dass einzelne Röhren ohne Entleeren des gesamten Solarkreises austauschbar sind.

Vakuumkollektoren arbeiten selbst bei hohen Absorbertemperaturen oder niedrigen Einstrahlungen mit einem hohen Wirkungsgrad und erreichen, besonders in der Übergangszeit, höhere Temperaturen als Flachkollektoren. Dafür sind sie auch entsprechend teurer.

Abb. 6.7: Röhrenkollektor (Foto: Paradigma)

Kennzeichen guter Sonnenkollektoren

Schon 1995 meldete das Stuttgarter Test- und Entwicklungszentrum für Solaranlagen nach einer Untersuchung von kompletten solarthermischen Anlagen: „Die Systeme und Komponenten sind ausgereift." Das gilt jedoch nur für Konstruktionen, die die hiesigen Wetterbedingungen verkraften – und die stammen in der Regel von mitteleuropäischen Herstellern und nicht von Billiganbietern, die ihre Ware aus südlichen Ländern beziehen.

So warnen Experten davor, beim Kauf von Flachkollektoren oder Vakuum-Röhrenkollektoren nur auf den scheinbar günstigen Preis oder allein auf die am neuen Kollektor ermittelten guten Messwerte zu achten. Hersteller hochwertiger Kollektoren, die über Jahrzehnte einen hohen Wirkungsgrad haben,

- verwenden hagelbeständiges Solarglas und UV-beständige hochwertige Materialien wie Aluminium und Edelstahl
- achten auf normgerechte Verglasung mit mindestens 12 mm Überdeckung
- lassen Dichtnähte und -schnüre nicht freiliegen
- sorgen für dichte Kollektorgehäuse, damit die Absorberflächen nicht verschmutzen (Staub und Feuchtigkeit), denn dadurch nähme der Kollektorwirkungsgrad rapide ab
- bauen in Belüftungsöffnungen Luftfilter ein
- verwenden keine Schrauben und Nieten am Gehäuse, damit kein Wasser einsickert
- sorgen für eine dauerhafte flexible Verbindung der Kollektoren untereinander, z. B. mit gewellten Edelstahlrohren, die Temperaturschwankungen standhalten und Längendehnungen ausgleichen können – das geht auf keinen Fall mit Gummischläuchen und Rohrschellen
- verwenden ausgasungsfreies Dämmmaterial oder eine Dampfsperre zwischen Dämmung und Absorber, damit sich kein öliger Film auf Absorber und Glasabdeckung bildet.

Wirkungsgrad

Der Quotient aus nutzbarer thermischer und auftreffender Sonnenenergie ist der Wirkungsgrad eines Sonnenkollektors. Neben Wärmeverlusten kommt es auch zu optischen Verlusten, da die Sonnenstrahlung nicht vollständig durch die transparente Abdeckung des Kollektors gelangt: Zu einem gewissen Prozentsatz wird sie reflektiert. Der Konversionsfaktor gibt an, wie viel Prozent der Sonnenstrahlung

durch die durchsichtige Abdeckung des Kollektors gelangt und vom Absorber aufgenommen wird.

Maß für die Wärmeverluste ist der K-Wert, der den Energieverlust in Watt pro Quadratmeter Kollektorfläche und pro Grad Celsius Temperaturdifferenz zwischen Absorber und Umgebung angibt. Diese Wärmeverluste nehmen mit steigender Temperaturdifferenz zu. Wenn die Differenz zu groß ist, sind die Wärmeverluste so hoch, dass
der Kollektor keine Energie mehr an den Solarkreislauf abgeben kann.

Ein guter Kollektor hat einen hohen Konversionsfaktor und verfügt über einen niedrigen K-Wert.

Kollektortyp	Konversionsfaktor	Thermischer Verlustfaktor [W/m²°C]	Temperaturbereich [°C]
Absorber (unabge-deckt)	0,82 bis 0,97	10 bis 30	bis 40
Flachkollektor	0,66 bis 0,83	2,9 bis 5,3	20 bis 80
Vakuum-Flachkol-lektor	0,81 bis 0,83	2,6 bis 4,3	20 bis 120
Vakuum-Röhrenkol-lektor	0,62 bis 0,84	0,7 bis 2,0	50 bis 120
Speicherkollektor	ca. 0,55	ca. 2,4	20 bis 70
Luftkollektor	0,75 bis 0,90	8 bis 30	20 bis 50

Angaben: Deutsche Gesellschaft für Sonnenenergie e. V.

Mit Flachkollektoren gewinnen Sie 470 bis 550 kWh pro m² im Jahr, mit Röhrenkol-
lektoren etwa 600. Diese Werte hat das Institut für Wärmetechnik und Thermody-
namik der Universität Stuttgart (ITW) ermittelt. Optimal sind unverschattete und
nach Süden gerichtete Kollektoren mit einer Neigung von ca. 30° – abhängig vom
Breitengrad des Aufstellungsorts. Nur Anlagen, die einen Grenzwert von 525 kW pro
Quadratmeter und Jahr erreichen, werden gefördert. Auf der Internetseite des Bundesamts für Wirtschaft und Ausfuhrkontrolle finden Sie eine Liste der Kollektoren
und Solaranlagen, für die Sie öffentliche Zuschüsse mit Erfolg beantragen können
(*www.bafa.de*).

Kollektorauswahl

Wichtigstes Auswahlkriterium ist der geforderte Temperaturbereich. Ob der Kollektor diesen auch erreicht, hängt von der Sonneneinstrahlung, der Umgebungstemperatur und dem Aufstellungsort ab.

Anhaltspunkte für die Kosten in € pro m² Kollektorfläche:

Vakuum-Röhrenkollektor   400 bis 1.200
Flachkollektor   150 bis 600
Kunststoffabsorber   25 bis 100

Alle Kollektoren können oberhalb der Dachabdeckung montiert werden, gegen Aufpreis gibt es auch Einbausätze für die Indachmontage oder Ständer für Flachdächer.

Verschalten der Kollektoren

Die meisten Kollektoren können Sie nebeneinander oder übereinander auf dem Dach anordnen, es spielt keine Rolle, ob sie hochkant oder quer aufgestellt werden. Sie werden in einer Reihenschaltung miteinander verbunden: Das bedeutet, dass der heiße Ausgang des ersten Kollektors mit dem kühlen Eingang des zweiten Kollektors verbunden wird, der heiße Eingang des zweiten Kollektors mit dem kühlen des dritten usw. *Vorlauf* heißt die warme Seite des Kollektors: Dort kommt die durch den Kollektor erwärmte Solarflüssigkeit heraus; ein Sensor misst ihre Temperatur. *Rücklauf* heißt die kühle Seite des Kollektors: Hier im unteren Bereich des Kollektors ist der Rohranschluss für die abgekühlte Solarflüssigkeit.
Wenn die übrigen Anlagenteile nicht hochwertig und optimal aufeinander abgestimmt sind, nutzt auch der beste Kollektor nichts. Viele Hersteller bieten inzwischen Komplettpakete mit gut aufeinander abgestimmten Komponenten an.

Regler

Ein elektronischer Solarregler mit Temperatursensoren misst die Kollektor- und die Speichertemperatur und schaltet eine Umwälzpumpe ein, sobald die Kollektortemperatur die Speichertemperatur um eine eingestellte Differenz überschreitet. Komplexe Regler verwenden bis zu acht Temperaturfühler. Eine weitere Reglerart kommt ohne Temperaturfühler und die zugehörigen Leitungen aus, da sie den Druck als Eingangsgröße verwendet.
Aufwendige Mikroprozessorregler sind sogar selbstlernend und optimieren ihre Regelung anhand der anfallenden Messwerte im Solarkreis.

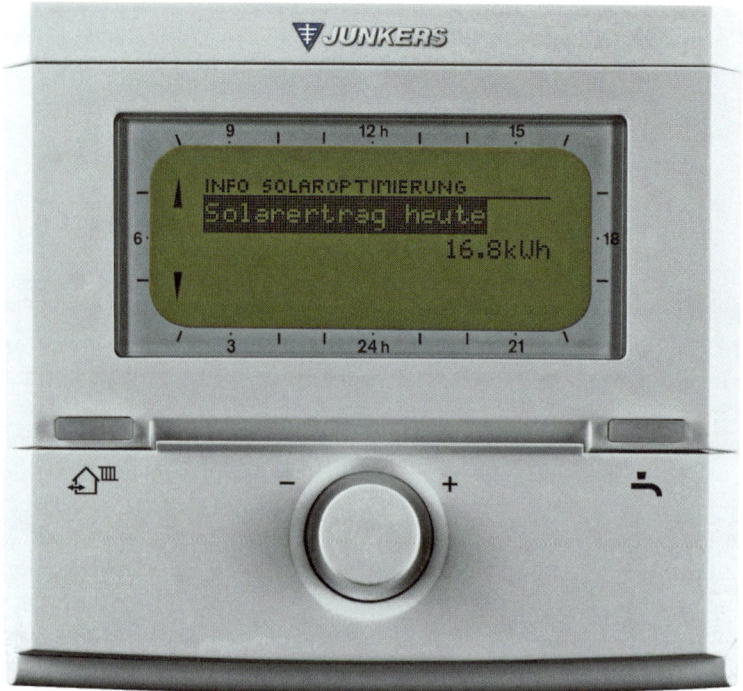

Abb. 6.8: Regler mit Anzeige des Solarertrags (Foto: Junkers)

Solarstation

Als „Herz" der Anlage hat die Solarstation die Aufgabe, die von den Kollektoren eingesammelte Wärme in den Speicher zu transportieren. Die in der Solarstation befindliche Pumpe wälzt die Wärmeträgerflüssigkeit in einem geschlossenen Kreislauf um, und die Temperatur im Speicher steigt.

In der Regel enthalten die komplett vormontierten Solarstationen alle wichtigen Bauteile zur Aufrechterhaltung des Solarkreislaufs:

- die Solarkreispumpe
- Anschlüsse mit Kessel: Füll- und Entleerungshahn zum Befüllen der Anlage
- Entlüftertopf
- Manometer
- Sicherheitsventil

- Ausdehnungsgefäß
- Thermometer im Vor- und Rücklauf
- Durchflussmesser

Abb. 6.9: Solarstation mit Ausdehnungsgefäß, oben links der Regler (Foto: Junkers)

Die meisten Stationen haben für den Vorlauf zu den Kollektoren und den Rücklauf zwei Stränge. Dadurch kann bei fehlender Sonneneinstrahlung kein warmes Wasser aus dem Speicher in den Kollektor aufsteigen, was zu Wärmeverlusten führen würde. Bei den preiswerteren Speichern mit nur einem Strang leistet eine Schwerkraftbremse im Vorlauf das Gleiche. Bei Überdruck öffnet sich ein Sicherheitsventil, damit Beschädigungen in der Anlage vermieden werden. Wer Strom sparen will, wählt eine Solarpumpe der Energieeffizienzklasse A.

Viele Hersteller befestigen die Station direkt am Speicher, um Wärmeverluste zu vermeiden und weniger Montageaufwand zu haben. Die Solarstation braucht einen 230-V-Stromanschluss. Etwa alle zwei Jahre ist eine Wartung der Station fällig. Die neuste Generation von Solarstationen ist serienmäßig mit einem Wärmemengenzähler ausgestattet, der die von den Kollektoren „geerntete" Solarwärme erfasst. Damit lässt sich zuverlässig überprüfen, ob die Solaranlage funktioniert.

Durchflussmenge

Der Durchflussmengenmesser ist ein Stück Rohr mit einem Glas-Sichtfenster, in dem ein Schwimmer anzeigt, wie viele Liter Solarflüssigkeit pro Stunde durch den Solarkreislauf fließen. Der Durchfluss ist niedrig, wenn etwa 10 bis 15 l pro Stunde und Quadratmeter Kollektorfläche gemessen werden. Das erfordert bei kleinen Rohrdurchmessern auch nur eine kleine Pumpenleistung. Die Temperaturdifferenz zwischen Kollektor und Speicher ist hoch, der Kollektorwirkungsgrad niedrig.

Die meisten der für private Haushalte angebotenen Solaranlagen arbeiten mit hohem Durchfluss von etwa 40 l pro Stunde und Quadratmeter Kollektorfläche. Sie erreichen mit Kreiselpumpen einen guten Kollektorwirkungsgrad bei geringem Regelungsaufwand. Aber auch diese Anlagen haben Nachteile: Große Rohrdurchmesser und hohe Pumpenleistungen sind erforderlich, geringe Einstrahlungen können sie nur schlecht nutzen.

Der höchste Anlagenwirkungsgrad bei geringem Stromverbrauch wird durch geregelten Durchfluss zwischen 10 bis 40 l pro Stunde und Quadratmeter Kollektorfläche erzielt. Durch die Pumpenregelung ist der Stromverbrauch niedrig, die Anlage reagiert besser auf Temperaturschwankungen, die vor allem in der Übergangszeit auftreten. Der höhere Regelungsaufwand macht diese Anlagen entsprechend teurer.

Bei steigender Temperatur im geschlossenen Solarkreislauf steigt durch die Volumenzunahme auch der Druck. Deshalb ist ein ausreichend großes Ausgleichsgefäß einzubinden. In diesem trennt eine Membran zwei Kammern: Die eine ist mit der kalten Seite des Solarkreislaufs verbunden, die andere enthält komprimierte Luft (oder Stickstoff), die über ein Ventil hineinzupumpen ist.

Wenn sich die Solarflüssigkeit bei Erwärmung ausdehnt, erhöht sich der Druck auf die Membran und komprimiert das Luftpolster auf der anderen Seite. Sobald die Solarflüssigkeit sich wieder abkühlt, entspannt sich das Luftpolster wieder. Dadurch bleibt der Druck im Solarkreislauf fast gleich.

Wichtig ist ein zusätzliches Absperrventil, damit Sie das Ausgleichsgefäß austauschen können, ohne den Solarkreislauf entleeren zu müssen. Das kann erforderlich werden, wenn die Membran oder das Gefäß selbst schadhaft sind oder sich herausstellen sollte, dass das Ausgleichsgefäß zu klein ist, um seine Aufgabe zu erfüllen.

Speicher

Der Speicher sollte die durch die Kollektoren gewonnene Wärme möglichst lange festhalten. Der Bereitschaftsverlust gibt an, wie viel Energie der Speicher verliert, wenn dessen Inhalt 45° C wärmer als seine Umgebung ist. Ein Verlust von 1,8 bis 2,5 kWh pro Tag ist üblich, sehr gut gedämmte Speicher verlieren weniger als 0,5 kWh pro Tag. Die meisten Speicher bestehen aus emailliertem Stahl. Sollte diese Emailleschicht schadhaft werden, repariert eine Magnesiumanode im Speicher die Schadstelle, indem sich dort das edlere Metall Magnesium am unedleren Metall des Speichers ablagert und Korrosion verhindert.

Im unteren Teil des Speichers überträgt ein Wärmetauscher – das ist ein mehrfach gewundenes Stahlwellrohr – die Wärme der Solarflüssigkeit auf das Trinkwasser. Im Sommer reicht das auch bei ausgeschalteter Heizung für eine warme Dusche, im Winter und in der Übergangszeit wird bei Bedarf über einen zweiten Wärmetauscher im oberen Speicherbereich nachgeheizt. Bivalente Speicher haben bis zu drei Wärmetauscher, sodass neben dem Solarkreislauf zwei weitere Wärmequellen – beispielsweise eine Öl-, Gas- oder Pelletzentralheizung und ein Kachelofen – anschließbar sind.

Die hohe schlanke Form der Speicher begünstigt eine gute Schichtung des Wassers: Das leichtere, warme Wasser sammelt sich oben, das kalte bleibt unten. Strömungsberuhigte Kalt- und Warmwasseranschlüsse vermeiden eine Verwirbelung, die die Warm-kalt-Schichten im Speicher durcheinanderbringen würde.

Richtige Größe für Warmwasser

Wenn die Anlage nur Warmwasser bereiten soll, können Sie von folgenden Werten ausgehen. Der mittlere Warmwasserbedarf beträgt bei einer Warmwassertemperatur von 45 °C 30 bis 50 l pro Person und Tag. Geschirrspüler und Waschmaschine mit Warmwasseranschluss entsprechen einer viertel bis halben Person. Je Person ist eine Kollektorfläche von einem bis 1,5 m² erforderlich. Eine exakte Berechnung berücksichtigt auch die geografische Lage, die Ausrichtung zur Sonne und die Dachneigung. Optimal ist ein schattenfreies Dach in Südlage, das um 35° bis 50° geneigt ist. Sind die Kollektoren vollständig nach Osten oder Westen ausgerichtet, sind etwa 20 % mehr Kollektorfläche erforderlich. Genaue Werte liefern spezielle Berechnungsprogramme der Hersteller oder Installateure. Sehr gute Komplettanlagen für Warmwasser sind schon für unter 4.000 € erhältlich.

Verstopfungen vorbeugen

Alles, was bei der Montage in die Rohre oder Komponenten der Anlage gelangt, kann den Solarkreislauf verstopfen: Verpackungsstoffe, Lötzinn, Sand, Insekten. Gewissenhaftes Spülen der Anlage nach der Installation und vor der Inbetriebnahme hilft, spätere Verstopfungen zu vermeiden. Es kann entweder mit einem Spül- und Befüllwagen, mit einer Handpumpe oder per Wasseranschluss und Injektionspumpe geschehen.

Abb. 6.10: Befüllen der Solaranlage (Foto: Junkers)

Kombispeicher zur Heizungsunterstützung

Solarwärmeanlagen mit zusätzlicher Heizungsunterstützung in einem Vierpersonenhaushalt haben eine Kollektorfläche ab etwa 10 m². Neben dem Brauchwasserspeicher besitzen diese Kombianlagen einen weiteren Speicher für Heizungswasser. Wenn eine solche Anlage mit einem Wärmeüberschuss Gebäudefundamente und andere Bauteile erwärmt, kann das reichen, um kurze Kälteeinbrüche zu überbrücken.

Besonders preisgünstig sind Speicher nach dem Tank-in-Tank-Prinzip. Die Wärmeübertragung vom außen liegenden Heizungswasser zum Trinkwasser wird begünstigt, wenn der innere Trinkwasserspeicher aus Edelstahl besteht. Diese Speicher haben einen besseren Wirkungsgrad als reine Brauchwasserspeicher. Die optimale Speichergröße ergibt sich aus dem Warmwasserbedarf und der Kollektorfläche.

Abb. 6.11: Schnittbild eines Kombispeichers: Oben ist der Trinkwasserbehälter angeordnet, unten der Wellrohrwärmetauscher. Als Material bevorzugen die Hersteller Stahl, die Trinkwasser führenden Teile sind oft aus Edelstahl. Die angebotenen Speichergrößen liegen zwischen 350 l und 5.000 l. (Grafik: Paradigma)

Eine weitere Möglichkeit ist die Erwärmung von Frischwasser nur bei Bedarf – ähnlich dem Prinzip eines Durchlauferhitzers. Der Speicher wird mit einem Plattenwärmetauscher kombiniert, der von kaltem Leitungswasser und in entgegengesetzter Richtung von warmem Speicherwasser durchflossen wird. So wird das benötigte Brauchwasser innerhalb der kurzen Durchlaufzeit auf die gewünschte Temperatur gebracht. Die Hersteller versprechen, dass auf diese Art verhindert wird, dass sich Legionellen im warmen Trinkwasser ausbreiten. Diese Gefahr besteht allerdings erst bei einer stehenden Trinkwassermenge von mehr als 400 l.

Ein Pufferspeicher mit Frischwasserstation benötigt eine weitere Pumpe und einen zusätzlichen Regler, der für gleichmäßig warmes Brauchwasser sorgt. Deshalb ist er teurer – aber der Puffer hat den Vorteil, dass er bis zu 95 °C aufgeheizt werden und entsprechend mehr Wärme speichern kann. Deshalb können Pufferspeicher mehr Wärme aufnehmen als Kombispeicher. Hohe Temperaturen sind in Kombispeichern zu vermeiden: Ab 65 °C setzt verstärkt Kalkbildung aus dem heißen Brauchwasser ein, besonders in der Trinkwasserblase oder im Wellrohr. Die anwachsende Kalkschicht behindert zunehmend den Wärmeübergang, die Leistung geht mit der Zeit merklich zurück. Notfalls werden Entkalkungen erforderlich.

Kommentar

Heizungsunterstützung durch Sonnenkollektoren ist rein wirtschaftlich betrachtet nur bei hoch wärmegedämmten Häusern sinnvoll. Die Investitionskosten für eine komplette Solarthermieanlage belaufen sich auf 10.000 bis 20.000 €. Bei den aktuellen Energiepreisen sparen Sie bestenfalls 300 € pro Jahr durch weniger Öl- oder Gasverbrauch. Für den kleinen Heizungsbeitrag im schlecht gedämmten Haus mit konventioneller Zentralheizung rechnet sich die Mehrinvestition nicht.

Info

Legionellen sind Bakterien, die sich in 20 °C bis 55 °C warmem Wasser vermehren können. Wenn sie durch die Atemwege in den Körper gelangen, können sie lebensgefährliche Infektionen hervorrufen, z. B. die Legionärskrankheit, eine schwere Lungenentzündung. Vorsichtsmaßnahme ist, mindestens einmal im Monat die Temperatur im Warmwasserspeicher auf 60 °C zu erhöhen, da Legionellen diese Temperatur nicht überleben.

Grundsätzlich ist eine Schichtung im Speicher vorteilhaft: unten kalt und oben warm. Die heißeste Zone im oberen Bereich enthält warmes Trinkwasser, die mittlere Zone speist den Heizkreis und unten ist die kühlste Region, die nicht durch den Heizkessel oder die Wärmepumpe nachgeheizt werden sollte, wenn die Sonne scheint.

Spezielle Schichtenspeicher erreichen durch kontrollierte Temperaturschichtung des Speichermediums einen noch besseren Wirkungsgrad. Dazu sind allerdings mehrere Anschlüsse am Speicher und eine aufwendigere Regelung erforderlich, was einen höheren Preis bedingt.

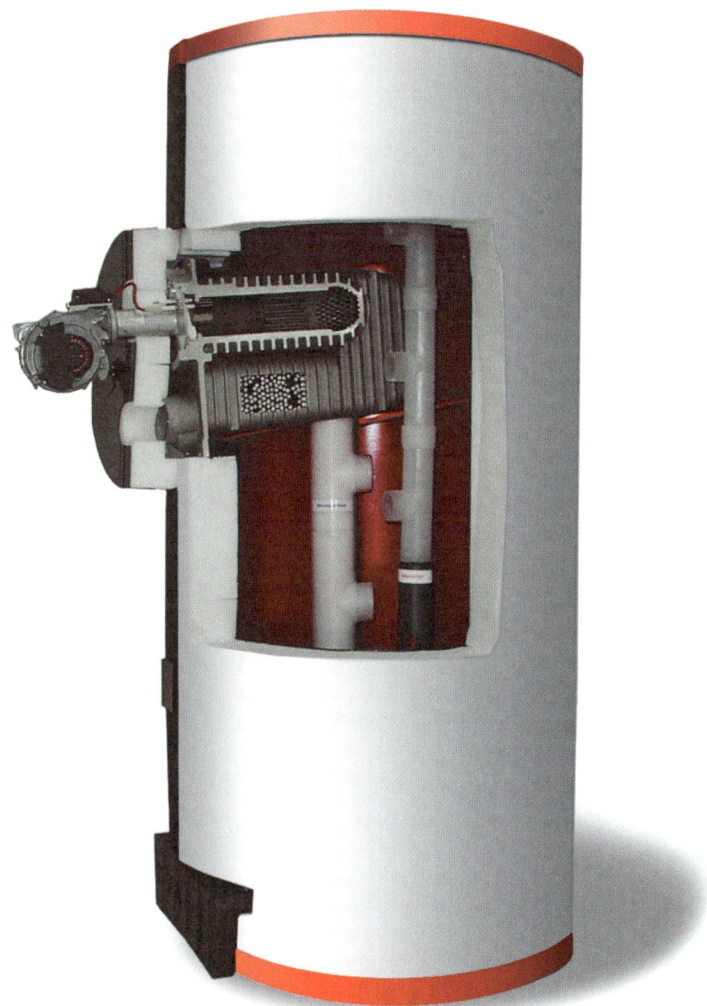

Abb. 6.12: Schichtenspeicher (Grafik: Solvis)

Einen guten Speicher erkennt man schon an der Dicke des Dämmstoffs. Seine Wasseranschlüsse sollten nicht nach oben ragen, sondern in einem Bogen nach unten durch die Dämmung führen (Wärmesiphon). Optimale Modelle haben außerdem sogenannte Konvektionsbremsen, die verhindern, dass warmes Wasser durch die Anschlüsse in die Rohrleitung aufsteigt. Am wichtigsten ist jedoch, dass der Installateur ordentlich arbeitet und alle Anschlüsse gut dämmt, sonst können hier bis zu 60 % der Wärme verloren gehen.

6.2   Solarwärmeanlage in eine bestehende Zentralheizung integrieren

Um es gleich vorwegzunehmen: Zuerst muss die Sonne die Heizenergie liefern, und nur wenn das nicht reicht, springt die Heizung ein. So wird der Wärmespeicher zur Zentrale der Heizanlage, nicht mehr der Heizkessel. D. h., der Heizungsbauer, der bisher vom Kessel gelebt hat, muss komplett umdenken.
Es ist nur selten sinnvoll, einen vorhandenen 150 bis 200 l großen Trinkwasserbehälter im System zu behalten, denn Warmwasserboiler oder Bereitschaftsspeicher unterscheiden sich im Aufbau grundsätzlich von Solarspeichern.
Wenn eine Solarthermieanlage mit einem vorhandenen Heizkessel in Reihe geschaltet wird, kann nur wenig Brennstoff eingespart werden. Ein Beispiel verdeutlicht das: Eine Solaranlage mit 10 m² Kollektorfläche versorgt einen Kombinationsspeicher mit einem Volumen von 500 l, davon entfallen 360 l auf das Heizwasser und 140 l auf das Trinkwasser. An diesen Speicher wird nun der bestehende 200 l große Trinkwasserbehälter in Reihe angeschlossen. Das im Solarspeicher durch die Kollektoren erwärmte Wasser muss nun erst durch diesen Kesselboiler fließen, bevor es zum Verbraucher gelangt. Zum einen ist dieser Kesselboiler deutlich schlechter isoliert als der Solarspeicher. Zum anderen heizt der Heizkessel das Trinkwasser im Kesselboiler auch dann, wenn das Wasser im Solarspeicher bereits solar erwärmt ist. Nur wenn der gesamte Inhalt des Kesselboilers verbraucht wird, fließt das solar erwärmte Wasser in

den Kesselspeicher und der Heizkessel muss nicht anspringen, um das Trinkwasser zu erwärmen. In der Regel schaltet die Nachheizung auch im Sommer nicht ab und es wird sinnlos Brennstoff für die Warmwasserbereitung vergeudet. Die Solaranlage trägt so kaum zum Energiesparen bei. Deshalb ist es im Regelfall ratsam, sich beim Einbau einer thermischen Solaranlage in ein bestehendes Heizsystem vom alten Kesselboiler zu trennen.

Abb. 6.13: Ein Altbau mit Ölheizung, die ersetzt werden soll, z. B. durch eine Pelletheizung (Foto: Solvis)

Abb. 6.14: Ein Kran hebt die Solarmodule aufs Dach. (Foto: Solvis)

Abb. 6.15: Aufbau der Solarmodule auf dem Dach (Foto: Solvis)

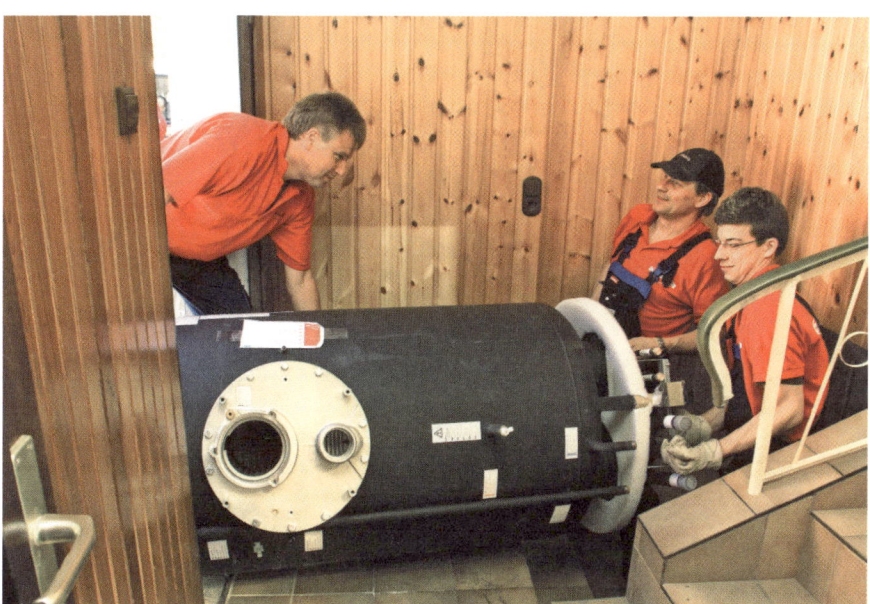

Abb. 6.16: Transport des Solarspeichers in den Heizraum (Foto: Solvis)

Abb. 6.17: Komponenten eines Solar-Pelletheizsystems (Foto: Solvis)

Abb. 6.18: Außenansicht des Altbaus nach Abschluss der Heizungsmodernisierung (Foto: Solvis)

6.3   Optimaler Betrieb der Solaranlage

Auch wenn Solaranlagen vollautomatisch laufen, kann der solare Energiegewinn durch geeignete Maßnahmen noch gesteigert werden. Hier sind die wichtigsten Tipps:

- Lassen Sie sich vom Monteur die Heizungs- und Solarregelung erläutern und lesen Sie die Betriebsanleitung sorgfältig, damit Sie die Anlage optimal an Ihre Bedürfnisse anpassen können.
- Programmieren Sie die Heizungsreglung so, dass die Wohnung möglichst dann erwärmt wird, wenn der Speicher viel Sonnenwärme enthält. Nutzen Sie auch die Nachtabsenkung.
- Nutzen Sie das von der Sonne erwärmte Wasser auch für den Geschirrspüler oder die Waschmaschine.
- Duschen, waschen und spülen Sie Geschirr besonders im Sommer möglichst vormittags, um den Speicher zu entladen, damit die Anlage nicht schon um die Mittagszeit abschaltet, weil der Speicher voll aufgeheizt ist.

- Stellen Sie die Temperatur, bei der der Heizkessel anspringt, um das Warmwasser nachzuheizen, möglichst niedrig ein: anstatt Sonnenstrahlung nicht zu nutzen, lieber bei Bedarf die Heizung per Hand einschalten.
- Im Sommer können Sie den Heizkessel komplett ausschalten. Damit kontrollieren Sie gleichzeitig die Funktion der Solaranlage. Solange warmes Wasser aus der Dusche kommt, funktioniert alles.

Dichtheit der Kollektoren

Wird bei einer Grafit- oder Flachdichtung am Kollektor die Überwurfmutter mit dem Schraubenschlüssel zu fest angezogen, wird das Material zerquetscht und es tropft aus der Dichtung. Meist ist nur ein bisschen mehr als handfest die richtige Stärke, mit der die Mutter angezogen werden sollte. Sobald das Drehen wieder leichter wird, wurde bereits zu fest angezogen und eine neue Dichtung muss her. Nur Dichtungen, die hohe Temperaturen vertragen, werden nicht in kürzester Zeit durch Hitze und Glykol zerstört.

Wenn die Auflagefläche für die Dichtung nicht eben ist, hilft nicht einmal die mit dem richtigen Drehmoment angezogene Originaldichtung weiter. Abhilfe schafft dann, den Kollektorverbinder mit einer Unterlegscheibe anstelle der Dichtung fest an den Kollektor zu schrauben. So wird eine ebene Dichtfläche geschaffen und die Unterlegscheibe kann wieder durch die Dichtung ersetzt werden. Anders verhält es sich bei metallischen Dichtungen: Sie müssen richtig kräftig angezogen werden.

Verstopfter Solarkreislauf

Wenn sich im Lauf der Jahre Oxid im Absorber oder in den Wärmetauschern bildet und im Kreislauf ablagert, kann es zu Verstopfungen kommen, die eventuell nicht durch Spülen beseitigt werden können. In diesem Fall helfen nur der Ausbau und die Handreinigung der betroffenen Komponenten. Bei der Ursachensuche ist es ein guter Tipp, sich zuerst auf die Engstellen im Solarkreislauf zu konzentrieren. Das sind der Flowmeter, die Absorberröhrchen im Kollektor, die Pumpe oder ein eventuell eingebauter Durchflussmesser. Auch die Schwerkraftbremse im Vorlaufkugelhahn kann betroffen sein. Wenn sie blockiert, kann es zusätzlich zur Durchflussstörung auch noch zu einer Schwerkraftzirkulation im Solarkreis kommen, wodurch der Speicher entladen wird.

6.4 Selbsthilfe bei Störungen

Die folgende Übersicht nennt Ihnen einige typische Störfälle aus der Praxis und beschreibt, wie Sie sie gegebenenfalls beheben können. Wenn noch Garantie auf die Anlage besteht, sollten Sie sich besser vorher mit dem Installateur oder Hersteller in Verbindung setzen.

Störung	Ursache	Beheben
Ungenügende Leistung, Flachkollektorglas innen beschlagen	Wasserdampf im Inneren kann nicht entweichen oder Kollektor ist undicht	Dampföffnungen reinigen oder Kollektor abdichten, schlimmstenfalls austauschen
Ungenügende Leistung, Vakuumkollektorglas innen beschlagen	Röhre ist undicht, Luft ist eingedrungen	undichte Kollektorröhre austauschen
Ungenügende Leistung, Geräusche	Luft im System	Entlüften, Anlagendruck minimal 1,5 bar
Leistung ungenügend, obwohl Anlage technisch in Ordnung	Solaranlage wird beschattet	Schatten werfendes Objekt entfernen, wenn möglich
Nur lauwarmes Wasser, obwohl Anlage gut läuft	Wärmetauscher oder Warmwassermischer verkalkt oder verstellt	Wärmetauscher oder Mischer entkalken, einstellen
Solarspeicher kühlt nachts deutlich ab	Regler oder Fühler defekt oder fehlende oder defekte Schwerkraftbremse	Regler oder Fühler auswechseln; Rückschlagventil einbauen, reinigen oder auswechseln
Druck am Manometer fällt deutlich	Solarkreislauf undicht	Verschraubungen, Lötstellen und Anschlüsse prüfen, abdichten
Hohe Druckschwankungen in der Anlage	Luft im Rohrsystem, Ausdehnungsgefäß defekt oder zu klein	Ausgleichsbehälter austauschen
Temperaturdifferenz zwischen Kollektor und Speicherzulauf zu groß	mangelhafte Rohrisolierung	Isolierung verbessern
Überdruckventil lässt ständig Solarflüssigkeit ab	Ausgleichsbehälter defekt oder zu klein	Ausgleichsbehälter austauschen ▶

Störung	Ursache	Beheben
Umwälzpumpe läuft nicht, Kollektor aber wärmer als Solarspeicher	Temperaturdifferenzeinstellung zu hoch	kleinere Temperaturdifferenz einstellen
Temperatur im Kollektor steigt, Pumpe läuft nicht	Speichertemperatur hat Maximalwert erreicht	Speicher nachts über Kollektor abkühlen lassen
Umwälzpumpe läuft nicht	Sicherung oder Kabel der Pumpe oder des Solarreglers defekt	Ursache der Unterbrechung suchen, Sicherung tauschen
Umwälzpumpe läuft nicht	Solarregler defekt	Regler überprüfen, gegebenenfalls austauschen
Umwälzpumpe läuft nicht	Kollektorfühler defekt	Kollektorfühler prüfen und eventuell austauschen
Umwälzpumpe läuft nicht	Pumpenwelle fest	hintere Stellschraube aufschrauben, Welle mit Schraubenzieher andrehen
Umwälzpumpe läuft mit Gluckern	Luft in der Pumpe	hintere Stellschraube im Betrieb vorsichtig öffnen
Umwälzpumpe taktet	häufig wechselnde Sonneneinstrahlung	Temperaturdifferenz erhöhen (um 5 °C bis 6 °C)
Umwälzpumpe schaltet nicht mehr ab	Kabelanschluss locker oder Regler oder Fühler defekt	Klemmen festziehen, Regler oder Fühler prüfen und eventuell austauschen
Solarregler mit unrealistischer Anzeige	Kabel von Fühler unterbrochen, Kurzschluss	Fühlerleitungen überprüfen

6.5   Solaranlagen mit Wärmepumpen kombinieren

Wer unabhängig von Öl und Gas sein will und außerdem Wert auf eine möglichst gute Ökobilanz legt, kann seine Wärmepumpe mit Sonnenkollektoren ergänzen. Unabhängig davon, ob es sich um eine Erdreich-, Grundwasser- oder Luft-Wärmepumpe handelt, lässt sich Solarwärme immer einkoppeln. Bei kräftigem Sonnenschein erreicht eine solarthermische Anlage leicht Temperaturniveaus, die zur

Brauchwassererwärmung benötigt werden. Deshalb kann sie die Wärmepumpe im Sommer komplett ersetzen. Am besten ist, sie ganz auszuschalten. Durch das Ausschalten der Wärmepumpe im Sommer verlängert sich ihre Lebensdauer. Außerdem kann bei Systemen mit Erdsonden überschüssige Wärme von den Sonnenkollektoren in den Boden geleitet werden, um die Wärmequelle zu regenerieren. Dadurch steigt die Jahresarbeitszahl der Wärmepumpe und die Solarerträge werden fast vollständig genutzt. Dabei muss jedoch der Regler sicherstellen, dass sich der Solekreislauf nicht überhitzt. Denn in dem Fall könnten die zu hohen Temperaturen den Solekreislauf sprengen.

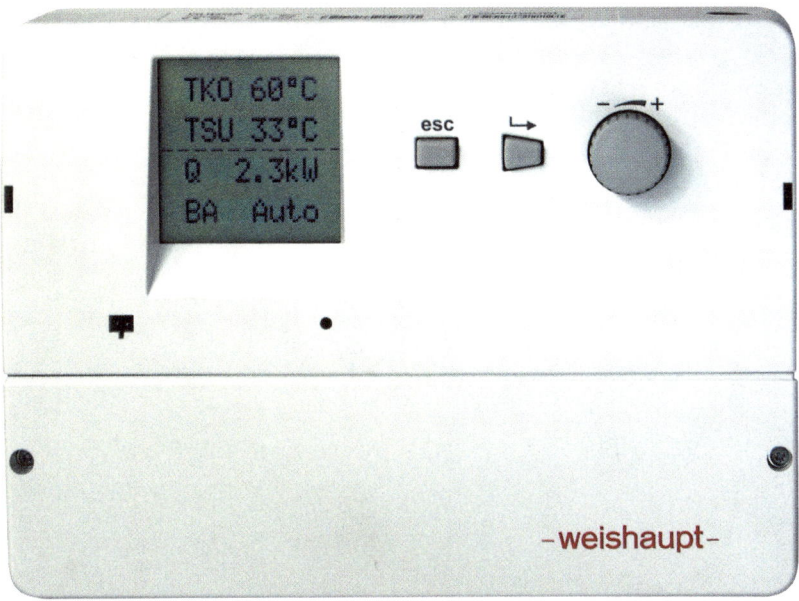

Abb. 6.19: Solarregler (Foto: Weishaupt)

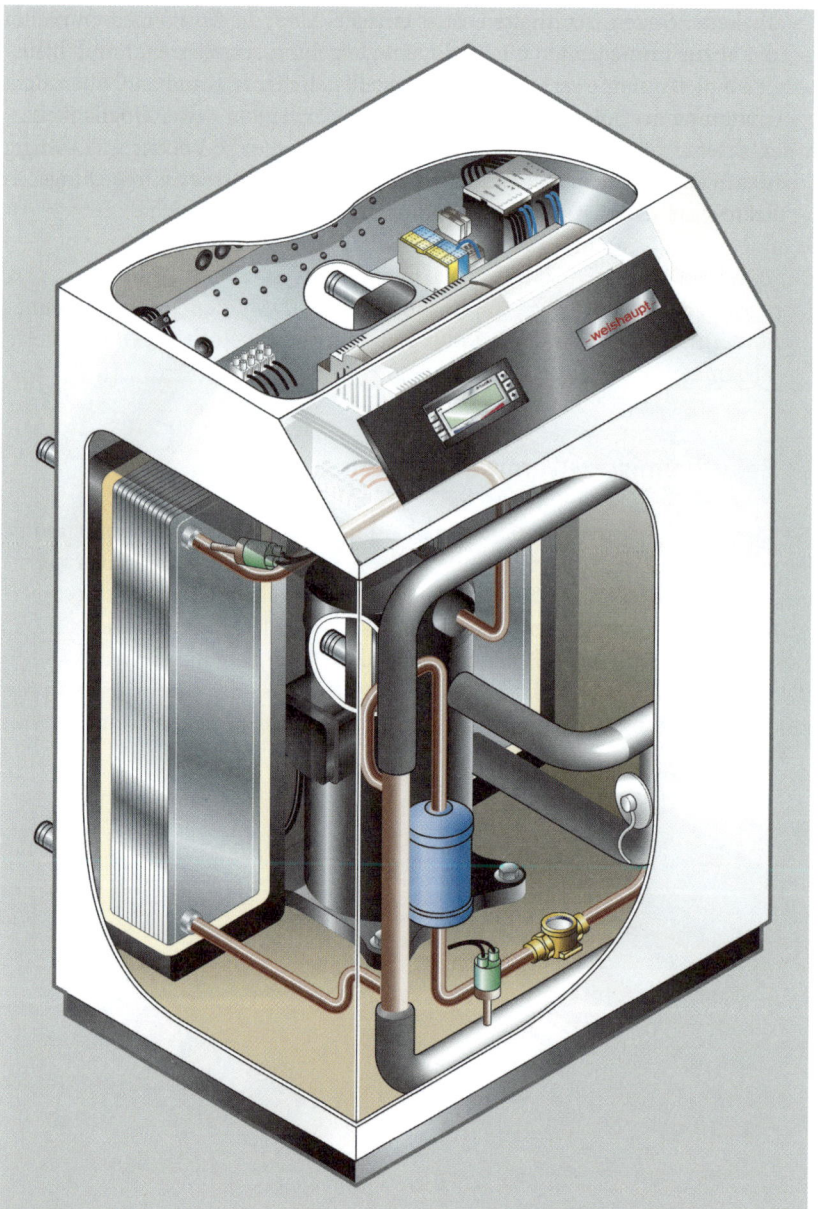

Abb. 6.20: Schnittbild durch eine Solewasserwärmepumpe von Weishaupt. Das süddeutsche Unternehmen setzt einen kleinen Pufferspeicher für die Wärmepumpe und einen Schichtspeicher für die Solarerträge ein. (Grafik: Weishaupt)

Um ein effizientes System zu erhalten, ist es entscheidend, die Komponenten richtig aufeinander abzustimmen und eine intelligente Regelung einzusetzen. Empfehlenswert sind Komplettsysteme verschiedener Hersteller, die einfach zu handhaben sind. Je nach Anbindung der Solaranlage an die Wärmepumpe gibt es zwei Möglichkeiten: Getrennte Systeme verfügen über zwei Wärmeerzeuger, die die Wärme unabhängig voneinander in den gleichen Speicher schichten; bei kombinierten Systeme hingegen ist der Solekreis mit der Wärmepumpe gekoppelt.

Es gibt zahlreiche Anbieter von Solar-Wärmepumpensystemen für Altbauten, z. B. Bioenergieteam, Brödtje, Buderus, Capito Heiztechnik, IDM Energiesysteme, Immosolar, Ratiotherm, Rennergy Systems, Rotex Heating Systems, Roth Werke, Siko Solar, Vaillant, Viessmann, Weishaupt, Wolf.

6.5.1   Solarthermische Warmwasserbereitung

Die solarthermische Warmwasserbereitung ist ohne Probleme mit der Wärmepumpe kombinierbar. Eine Möglichkeit ist, eine beliebige Heizung und die Warmwasserbereitung in zwei Regelkreise zu trennen. So wird warmes Wasser in den Sommermonaten komplett durch Sonnenkollektoren und eine Wärmepumpe erzeugt. D. h., die Hausbewohner können die Heizungsanlage dann komplett ausschalten.
Der Hersteller Schüco verspricht bei diesem System, dass der Stromanteil an der Warmwasserversorgung nur 15 % beträgt und für etwa 5 € monatlich warmes Wasser bereitsteht.

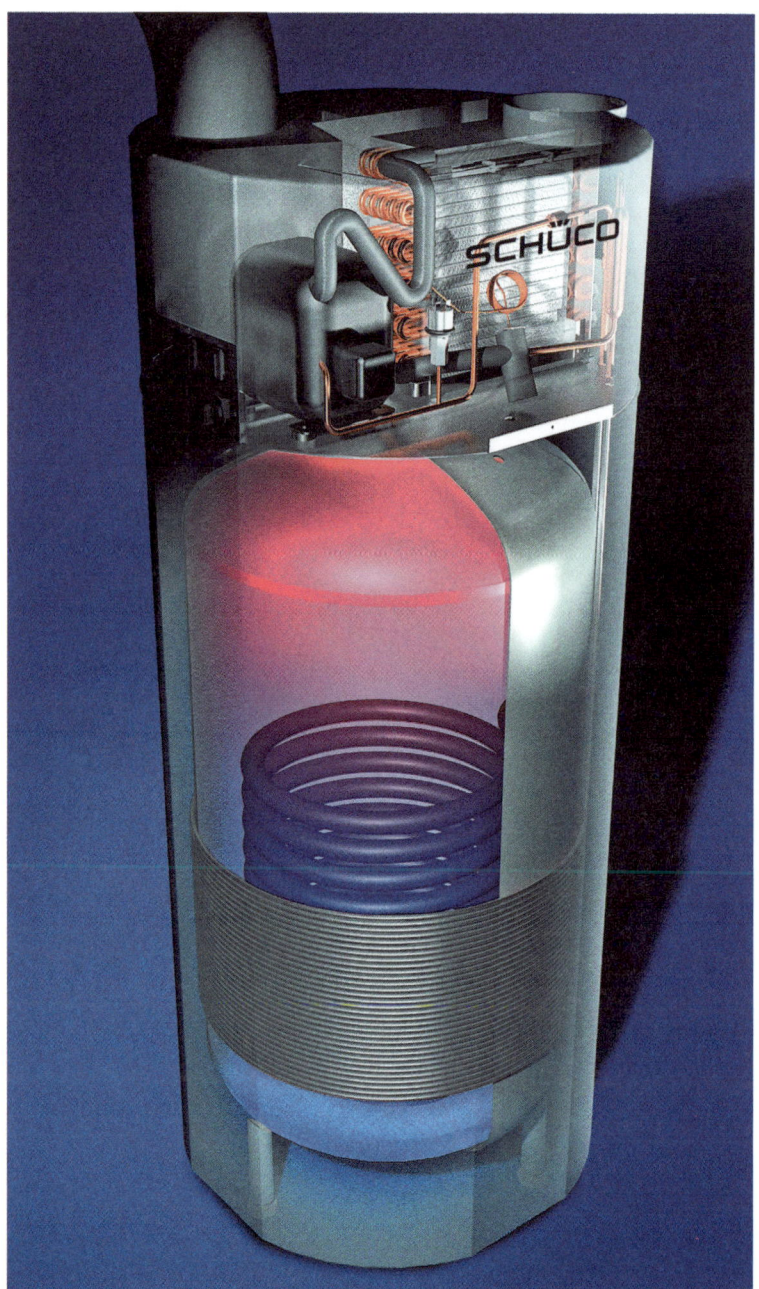

Abb. 6.21: Schnittzeichnung durch eine solargestützte Wärmepumpe (Grafik: Schüco)

6.5.2   Unterstützung der Raumheizung

Die solarthermische Anlage ermöglicht neben der Trinkwassererwärmung im Sommer auch die solare Heizungsunterstützung während der Übergangszeiten im Frühling und Herbst. Die Sonnenkollektoren können jedoch nur dann einen nennenswerten Beitrag zur Raumheizung liefern, wenn die Wärmepumpe mit einer Wand- oder Fußbodenheizung mit maximal 35 °C Vorlauftemperatur kombiniert wird.

6.5.3   Innovative Solar-Wärmepumpenheizungen

Wärmequelle regenerieren

Die Effizienz einer Solar-Wärmepumpenheizung mit Erdsonden steigt beträchtlich, wenn die Sonnenkollektoren im Sommer überschüssige Wärme in das Erdreich einleiten. Das funktioniert in entsprechend geringerem Maße auch in der kalten Jahreszeit. Die Firma Schüco hat in einem Feldtest 30 % Einsparung bei den Betriebskosten bei derart mit Sonnenkollektoren kombinierten Wärmepumpen ermittelt; Objekt: Niedrigenergiehaus, 4-Personen-Haushalt, Wärmepumpe mit Solarkopplung, 10 m² Kollektorfläche, Tiefe der Sondenbohrung 70 m, Warmwasserbereitung über einen Kombispeicher.

Die Temperatur des Erdreichs um die Erdsonde war nach der Heizperiode wieder auf dem ursprünglichen Temperaturniveau. D. h., messtechnisch wurde nachgewiesen, dass sich das Erdreich regeneriert hat.

Die Betriebsstunden der solarunterstützten Wärmepumpe lagen 20 % unter denen einer normal ohne Solarthermie-Anlage ausgelegten Wärmepumpe. Das Gesamtsystem mit Solarkopplung kam auf eine Jahresarbeitszahl von 4,4 gegenüber 3,0 beim System ohne Solarkopplung. Bei ausgeklammerter Trinkwassererwärmung ist die Systemeffizienz mit Solarkopplung sogar doppelt so hoch wie ohne (3,6 gegenüber 1,8). Außerdem bedeuten weniger Kompressorstarts eine längere Lebensdauer der Wärmepumpe.

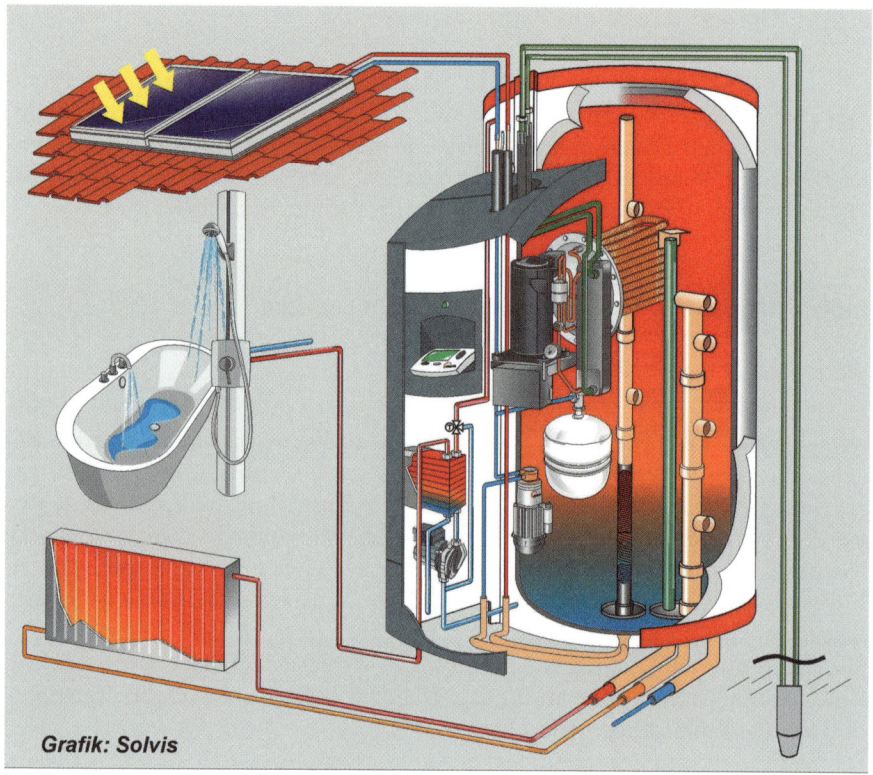

Grafik: Solvis

Abb: 6.22: Schematisch das Innenleben einer Sole-Wärmepumpe, mit angeschlossener Erdwärmesonde, Sonnenkollektoren und Schichtenspeicher (Grafik: Solvis)

Es gibt Wärmepumpenexperten, die diesen Systemen kritisch gegenüberstehen. Sie meinen, hier würde mit hohem technischem Aufwand und erheblichen Mehrkosten versucht, mit der Wärmepumpe einen halben Jahresarbeitszahlpunkt nach oben zu kommen. Z. B. haben Mitarbeiter des Freiburger Fraunhoferinstituts für Solare Energiesysteme (ISE) berichtet, dass grundsätzlich mit zunehmender Komplexität einer Wärmepumpenanlage deren Energieeffizienz eher abnimmt. Oft wird der Installateur überfordert sein, die komplizierte Systemtechnik zu durchschauen und die Reglermodule richtig einzustellen. Eine Optimierung einer solchen solarunterstützten Wärmepumpenheizung erfordert viel Zeit und messtechnischen Aufwand, den das Budget aber nicht hergibt.

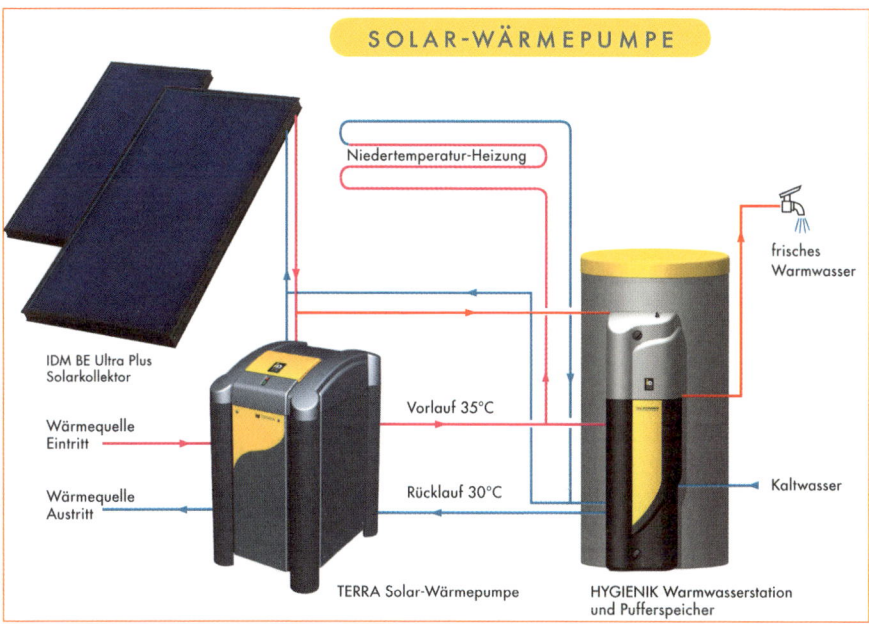

SOLAR-WÄRMEPUMPE

Niedertemperatur-Heizung

frisches
Warmwasser

IDM BE Ultra Plus
Solarkollektor

Wärmequelle
Eintritt

Wärmequelle
Austritt

Vorlauf 35°C

Rücklauf 30°C

Kaltwasser

TERRA Solar-Wärmepumpe

HYGIENIK Warmwasserstation
und Pufferspeicher

Abb. 6.23: Ein Solarsystem bestehend aus Sonnenkollektor, Wärmepumpe mit Erdsonden und einem 2.000 l fassenden Schichtspeicher. Selbst niedrige Kollektortemperatu-
ren kann das System nutzen, um über die Erdsonden das Erdreich zu regenerieren. (Grafik: IDM)

Auch der Wärmepumpenhersteller IDM-Energiesysteme aus Matrei in Osttirol
bietet ein kombiniertes System aus Sonnenwärme und Wärmepumpen an, das die
Solarwärme in die Erdsonden einspeist. Nach Herstellerangaben stellt das Solarsystem im mitteleuropäischen Klima 30 % der Wärme für die Heizung und 70 % der
Wärme für das Warmwasser bereit.

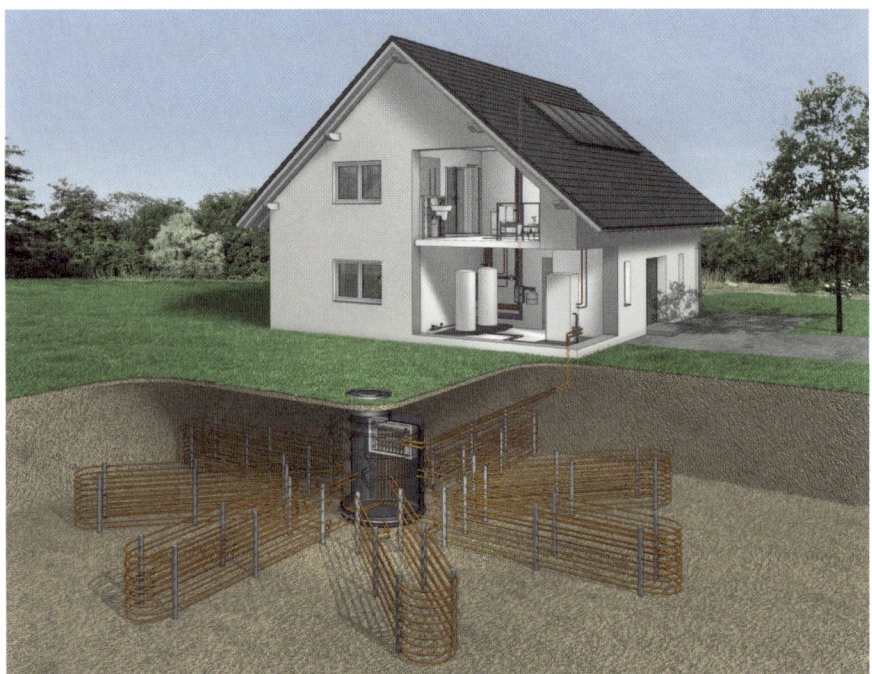

Abb. 6.24: Hausenergiesystem bestehend aus Sonnenkollektoren, Sole/Wasser-Wärme-
pumpe und kompakter Registerstation. Der solare Energiegewinn für Heizung und
Warmwasserbereitung beträgt nach Herstellerangaben 25 %. Entsprechend viel Strom
wird eingespart. Sobald die Sonnenkollektoren mehr Wärme liefern als für Heizzwecke
gebraucht wird, wird über das Erdregister das Erdreich erwärmt/regeneriert. Das Versenken des Erdregisters ist im Vergleich zum Bohren einer Erdsonde mit wesentlich weniger
Aufwand verbunden. (Grafik: Roth Werke)

Energiewand und Energiedach

An nach Süden ausgerichteten, hinterlüfteten Fassaden aus gut Wärme leitendem
Metall wird die Luft bei Sonnenschein teilweise bis auf etwa 60 °C erwärmt. Deshalb befassen sich verschiedene Hersteller damit, die so erwärmte Luft als Wärmequelle für Luft-Wasser-Wärmepumpen zu nutzen und dadurch die Arbeitszahlen
zu steigern. Eine zweite Möglichkeit ist, dass Solar-Fassadensysteme die geothermischen Quellen von Sole-Wasser-Wärmepumpen aktiv regenerieren. Damit hat RWE
1980/81 schon einmal Versuche gemacht, die jedoch unter den damaligen Bedingungen ein Flop waren.

Abb. 6.25: Dieses Haus wird durch eine Anlage bestehend aus einer Wärmepumpe, einer Hausfassade aus gut leitendem Kupferblech und einem Kaltwasserspeicher beheizt. Im Gegensatz zu einer „normalen" Luftwärmepumpe gibt es hier auch bei tiefen Temperaturen keine Vereisung. Im Sommer ist auch eine Kühlung mit dem System möglich. (Foto: Bernhard Beck)

Hybridkollektor

Die Firma Westfa hat einen Hybridkollektor entwickelt, der über einen zusätzlichen Luftwärmetauscher mit integriertem Ventilator verfügt. Der Hersteller empfiehlt, die rund 2,7 m² großen und 55 kg schweren Kollektoren möglichst nach Süden auszurichten und erhöht in einem Winkel von mindestens 60° zu montieren, damit die Zu- und Abluftöffnungen nicht durch abrutschenden Schnee blockiert werden. Sie können neben der direkt auf den Kollektor treffenden Sonnenwärme auch bei Bewölkung oder nachts Umgebungswärme nutzen. Bei ausreichend hohem Temperaturniveau arbeitet der Hybridkollektor wir ein normaler Flachkollektor und speichert die gewonnene Solarenergie entweder in einem Kombi-Pufferspeicher oder in einem Eis-Latentwärmespeicher. Sobald die Sonneneinstrahlung zu gering ist, wird die Wärme der Umgebungsluft durch den Luftwärmetauscher an die Solarflüssigkeit abgegeben und versorgt jetzt eine Wärmepumpe oder belädt den Eis-Latentwärmespeicher. Wenn die Sonne nicht scheint, aber die Außentemperatur deutlich über der Temperatur des Latentspeichers liegt, springt im Kollektor ein Ventilator an, der die Außenluft durch einen Luftwärmetauscher hinter dem Absorber zieht. Wenn nun die Solarflüssigkeit z. B. mit einer Temperatur von 0 °C aus dem Latentspeicher zurückkommt und den Kollektor passiert, nimmt sie aus der Außenluft, die z. B. an einem trüben Wintertag 7 °C warm ist, Wärme auf. Diese Wärme transportiert sie wiederum in den Latentspeicher. So kann der Kollektor sogar nachts laufen. Ein wichtiger Vorteil des Latentwärmespeichers ist sein geringer Platzbedarf. Mit z. B. 300 l Speicherinhalt speichert er genauso viel Wärme wie ein konventioneller Pufferspeicher mit 2.500 l Inhalt. Wenn die Kosten des Latentwärmespeichers genauso hoch wie oder höher als die eines konventionellen Speichers mit gleicher Wärmekapazität sind, spricht allerdings nur bei eingeschränkten Platzverhältnissen etwas für den Latentwärmespeicher.

Latentwärmespeicher

Durch die Änderung des Aggregatzustands von Wasser zu Eis hat der Eis-Latentwärmespeicher eine achtmal höhere Wärmekapazität als ein herkömmlicher Wasserspeicher. Als Leistungsziffer (COP) der Wärmepumpe wird 4,4 und als Wärmeleistung 6,9 kW angegeben. Der Latentwärmespeicher ist die alleinige Wärmequelle der Wärmepumpe. Sie nutzt auch die Energie, die beim Phasenübergang von Wasser zu Eis frei wird. Sobald die Speichertemperaturen weit unter den Gefrierpunkt sinken, nimmt die Leistungszahl der Wärmepumpe allerdings stark ab und ein Heizstab muss anspringen.

Vor der Serienfertigung des Komplettheizsystems hat Westfa im Zeitraum von zwei Jahren das System in einem Feldtest optimiert. In eine der Anlagen war zusätzlich zu Wärmepumpe, Puffer- und Latentwärmespeicher ein Biomasse-Kaminofen integriert, der parallel zur Solaranlage an den Kombi-Pufferspeicher angeschlossen worden war. Mit einer Fußbodenheizung ergaben die Messungen nach Herstellerangaben eine Systemarbeitszahl von 5,2 – ohne Biomasseofen. Besonders betont der Hersteller, dass die Kollektoren bis in den November hinein genügend Energieerträge erzielten, um den Kombispeicher zu beladen. Im Winter würden bei Sonnenschein trotz sehr niedriger Außentemperaturen (Hochdruckwetterlage) der Kombispeicher und der Eis-Latentwärmespeicher direkt geladen. Dagegen herrschen bei Tiefdruckwetterlagen mit starker Bewölkung oft so hohe Außentemperaturen, dass die Umweltwärme nutzbar ist.

Randnotiz

Bevor Sie sich für einen Eis-Latentwärmespeicher entscheiden, sollten Sie die in einem herstellerunabhängigen Feldtest ermittelte Jahresarbeitszahl eines Wärmepumpensystems, das einen solchen Speicher nutzt, abwarten. Vermutlich wird die Wärmepumpe wegen der Verluste des Wärmetauschers dem Speicher ständig „Wärme" auf einem niedrigen Niveau entnehmen. Wie soll so eine hohe Jahresarbeitszahl zustande kommen?

Eines der Systeme, das der Hersteller in seinem Feldtest untersucht hat, besteht aus drei Wärmequellen und sechs Komponenten. Damit kann man es als eine hochkomplexe „Spielwiese" für Forscher, nicht aber als für die Kunden praxistaugliches wirtschaftliches System sehen.

Latent-Wärme-Kältespeicher

Das Energieumwandlungssystem der Sonneberger PowerTank GmbH kann beides: heizen und kühlen. Es besteht aus folgenden Komponenten:

- Kompressor/Wärmepumpe
- Solarthermische Anlage
- Verdampferzellen
- Kondensatorzellen
- Heizsystem

Der Kreislauf beginnt in den Verdampferzellen (mit zwei Wärmetauschern), in denen ein Kältemittel durch Wärmeaufnahme (Umgebungs- und Solarwärme) vom flüssigen in den dampfförmigen Zustand übergeht. Von dort saugt der Kompressor das gasförmige Kältemittel an – dabei kühlen die Verdampferzellen wieder ab –, verdichtet es auf höheren Druck, wobei sich das Kältemittel weiter erwärmt. In den Kondensatorzellen gibt das Gas seine Wärme wieder ab und wird dabei flüssig, gelangt zum Expansionsventil, das den Druck abbaut, und von dort weiter zur Verdampferzelle. Hier beginnt der Kreislauf von Neuem.

Die Kompressoreinheit arbeitet nach dem Hubkolbenprinzip und kommt, anders als Wärmepumpen, ohne elektrisch betriebene Pumpen auf der Verdampfer- und Kondensatorseite aus. Zusätzliche Latentspeicherzellen beinhalten ein spezielles Paraffin. Sie sollen Takt- und Bereitstellungsverluste reduzieren. Wenn eine zusätzliche Photovoltaik-Anlage mit Akkumulatoren installiert wird, kann das System autark betrieben werden. Der Hersteller gibt an, dass der Nutzungsgrad des Systems mehr als doppelt so hoch ist wie der einer herkömmlichen Wärmepumpenanlage. Erdkollektoren oder Erdsonden seien überflüssig.

Randnotiz

Der Anbieter hat im Prinzip den Verdampfer und den Verflüssiger einer marktüblichen Wärmepumpe durch zwei Latentwärmespeicher ersetzt. Neben den dadurch erhöhten Anlagenkosten sind Latentwärmespeicher aus folgenden Gründen problematisch:

- Alle bisher untersuchten Stoffe haben eine schlechte Wärmeleitfähigkeit. Die Wärme kommt deshalb nur langsam in den Speicher hinein und wieder heraus; es sind große und damit teure Wärmetauscherflächen notwendig.

- Die Unterschiede zwischen der theoretisch möglichen und der in der Praxis erreichbaren Speicherkapazität (wie auch bei der Energieeffizienz von Wärmepumpen) sind zu groß. Ein Beispiel: Bei Paraffin ist die Speicherkapazität theoretisch zwar viermal besser als bei einem Wasserspeicher, in der Praxis ist sie aber nur zweimal größer.

- Die Entnahmetemperatur ist theoretisch zwar konstant, in der Praxis aber nicht: Sie nimmt bei tieferen Temperaturen mehr oder weniger stark ab.

Latentwärmespeicher dürften beim Kosten-Nutzen-Vergleich entsprechend schlecht abschneiden.

Abb. 6.26: Bei großen Kollektoranlagen, hier ein solares Nahwärmeprojekt in Speyer, fallen die Anlagenkosten pro Wohneinheit mit unter 2.000 € gegenüber 10.000 bis 15.000 € bei einem Einfamilienhaus viel weniger ins Gewicht. (Foto: Wagner & Co., Cölbe)

7 Die Heizanlage optimieren

Speziell ausgebildete Mitarbeiter von Fachbetrieben prüfen die Heizung nach DIN-Norm. Dieser „Heizungs-Check" dauert etwa eine Stunde und kostet 100 €. Das Geld ist gut angelegt: In einem Feldtest, der von Wissenschaftlern der Fachhochschule Gießen ausgewertet wurde, kam zutage, dass nur 3 % der untersuchten Anlagen keinen Optimierungsbedarf hatten. 89 % der Anlagen hatten keinen hydraulischen Abgleich, 90 % ungeregelte oder überdimensionierte Umwälzpumpen und 91 % ungedämmte oder mangelhaft gedämmte Verteilleitungen.

Von den über 500 untersuchten Heizungen in durchschnittlich 40 Jahre alten Ein- und Zweifamilienhäusern hatten 48 % einen erheblichen Optimierungsbedarf, d. h., sie müssten komplett saniert werden. 54 % der durchschnittlich 19 Jahre alten Anlagen könnten mit relativ geringen finanziellen Mitteln optimiert werden.

Der konventionelle Teil von Heizanlagen arbeitet heute vielfach noch unglaublich ineffizient, Schwachstellen sind:

- die mangelhafte Abstimmung der Wärmeverteilung und Übertragung in die einzelnen Heizzonen auf den tatsächlichen Bedarf
- zu groß dimensionierte Heizungspumpen
- zu hohe Vorlauftemperaturen selbst mit witterungsgeführter Regelung
- taktende Kessel
- Energie verschwendende Warmwasser-Zirkulationspumpen

7.1 Das Einsparpotenzial nutzen

7.1.1 Umwälzpumpen

Es ist zu wenig bekannt und wird bei Heizungsmodernisierungen oft missachtet, dass zu groß ausgelegte Heizungs- und Sanitärpumpen oft notorische Energieverschwender sind. So kann schon ein Einfamilienhausbesitzer durch überdimensionierte Heizungspumpen 100 € pro Jahr über Stromkosten aus dem Fenster werfen. Gebäudetechnikexperten beobachten, dass die Pumpen oft um den Faktor zwei bis drei überdimensioniert sind. Vielfach erneuern Heizungsbauer alte Pumpen einfach nach dem Typenschild, ohne die Charakteristik der Anlage zu bewerten. Oft meinen sie auch, durch entsprechende Leistungsreserven auf einen hydraulischen Abgleich verzichten zu können.

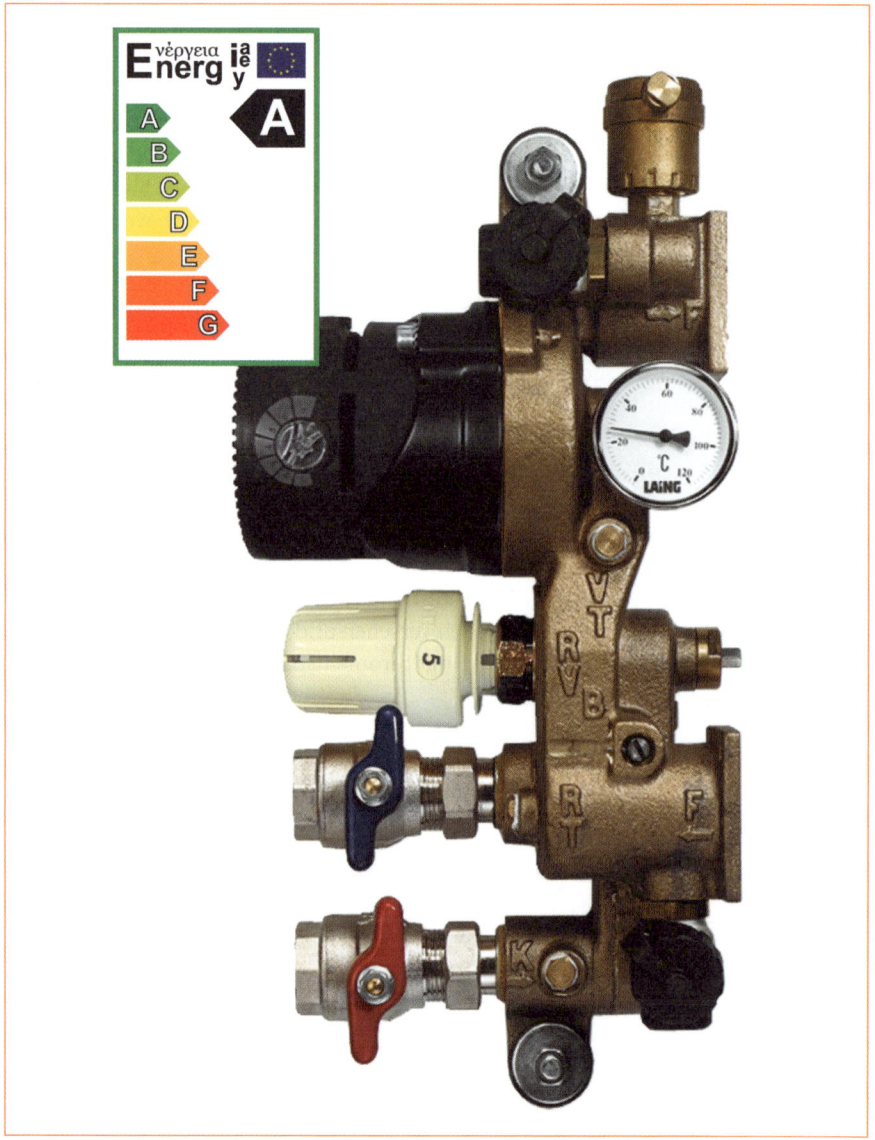

Abb. 7.1: Regelstation für die Systemanbindung von Flächenheizungen; die Vorlauftemperatur lässt sich zwischen 20 und 55 °C stufenlos einstellen. (Foto: Laing)

Tipp

Veraltete Technik ersetzen

Heizungspumpen gelten als veraltet, wenn sie länger als zehn Jahre in Betrieb waren. Stiftung Warentest hat ermittelt, dass alte Pumpen Stromkosten von 100 bis 150 € pro Jahr verursachen. Neue Produkte verbrauchen jährlich Strom für 10 bis 30 €. Die besten geregelten Pumpen (Effizienzklasse A) passen ihre Leistung den wechselnden Druckverhältnissen im Heizsystem selbstständig an, kosten 300 bis 400 € und amortisieren sich durch ihren geringen Stromverbrauch schnell.

Hohes Einsparpotenzial bei Umwälzpumpen für Heizung und Warmwasser

Wenn bei mehrstufigen Pumpen versuchsweise die kleinste Leistungsstufe eingestellt wird, kann das zwischen 10 und 30 % Pumpenstrom sparen. Wenn der am weitesten von der Heizzentrale entfernte Raum dann nicht ausreichend beheizt wird, kann ein hydraulischer Abgleich weiterhelfen.

Der Einbau einer neuen kleineren Pumpe lohnt sich meist, wenn die Pumpenleistung mehr als 3 W je Kilowatt Kesselleistung beträgt. Eine preiswertere Alternative ist, die Pumpe mit einem Vorschaltgerät zu versehen und damit ihre Drehzahl abhängig vom Wärmebedarf zu regeln. Das bringt Stromeinsparungen von bis zu 50 %.

Abb. 7.2: Universeller Austausch-
motor mit 8 W Leistungsaufnahme,
der auf alle gängigen Trinkwasser-
zirkulationspumpen passt, z. B. der
Fabrikate Deutsche Vortex, Grund-
fos, Laing oder Wilo). Die so erneu-
erte Pumpe spart im Vergleich zu
einer 25-W-Standardpumpe rund
70 % der Stromkosten ein. (Grafik:
Laing)

In einem neuen Einfamilienhaus genügt in der Regel eine Pumpenleistung von 30 W.
Wenn Sie einen zentralen Speicher einplanen und die Leitungen vom Warmwasserspeicher zum Bad und zur Küche kurz sind, können Sie auch auf eine Zirkulationsleitung mit Warmwasser-Zirkulationspumpe verzichten.

Elektronische Stromsparpumpen mit Synchronmotoren mit 5 bis 20 W Leistung sind stufenlos regelbar und brauchen gegenüber herkömmlichen Pumpen bis zu 80 % weniger Strom. Wenn Sie die Heizungspumpe im Sommer ausschalten, sparen Sie damit etwa 40 % Strom. Ein Festsetzen der Pumpe wird verhindert, wenn sie alle 4 Wochen für 10 Minuten läuft.

Hocheffizienzpumpen

Ein Kennzeichen hocheffizienter Heizungspumpen ist, dass das am Rotor erforderliche Magnetfeld nicht erst verlustreich erzeugt werden muss, sondern permanent vorhanden ist. Die Pumpen arbeiten mit Gleichstrom und können mit mehr Umdrehungen laufen als Standardpumpen. Dadurch leisten sie trotz kleinerer Baugröße und weniger Stromaufnahme mehr und lassen sich über einen größeren Leistungsbereich regeln. Kugelmotorpumpen sparen dadurch zusätzlich Strom, sodass sich ihre Drehzahl im Teillastbereich sehr weit absenken lässt. Ihr hohes Anlaufmoment schließt ein Blockieren der Pumpe nach der Sommerpause nahezu aus.

Abb. 7.3: Die weltweit ersten Kugelmotor-Nassläuferpumpen, deren Luftspalt nicht vom Fördermedium durchströmt wird; so gibt es keine Angriffsfläche für Ablagerungen und sie sind unempfindlich gegenüber Verschlammung, Rost und Magnetit (speziell bei korrosionsbelasteten Altanlagen ein Problem). (Foto: Laing)

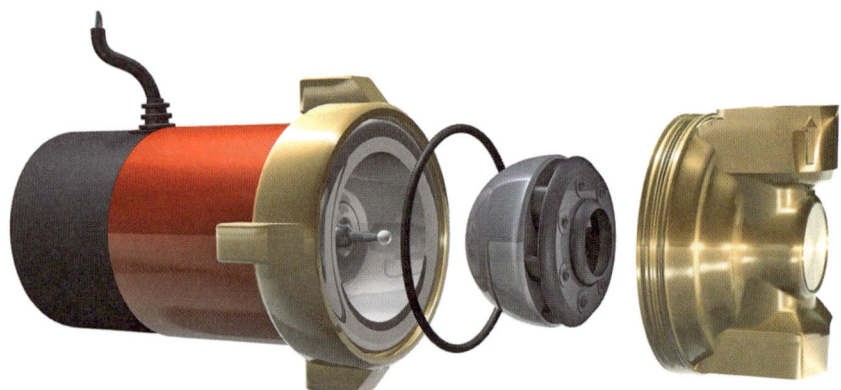

Abb. 7.4: Das einzig bewegliche Teil beim Kugelmotorprinzip ist die sphärisch geformte Rotor-/Laufradeinheit. (Grafik: Laing)

Leitungsverluste lassen sich minimieren, indem die Leitungen innerhalb der Gebäudehülle geführt und alle Heizungsleitungen, Pumpen, Armaturen und Absperrventile gut gedämmt werden. Besonders bei Brennwertanlagen sind Vor- und Rücklaufleitungen getrennt voneinander zu dämmen, um einen Wärmekurzschluss zwischen den Leitungen zu verhindern.

Dezentrale Heizungspumpen

Heute werden die verschiedenen Stränge einer Heizungsanlage in der Regel durch eine zentrale Pumpe versorgt. Dabei sorgen Drosselventile für die gleichmäßige Durchströmung der Heizkörper, und Thermostatventile regeln die Wärmezufuhr bedarfsgerecht. Ohne die hydraulischen Verluste dieser Komponenten würde wesentlich weniger Pumpenleistung benötigt. Diese Verluste sind vermeidbar, wenn die Zentralheizung statt mit einer zentralen Umwälzpumpe mit extrem kleinen Pumpen betrieben wird, die jeden Heizkörper einzeln versorgen. Sie benötigen durchschnittlich nur 1 W Leistung und laufen nur, wenn im entsprechenden Raum Wärme benötigt wird.

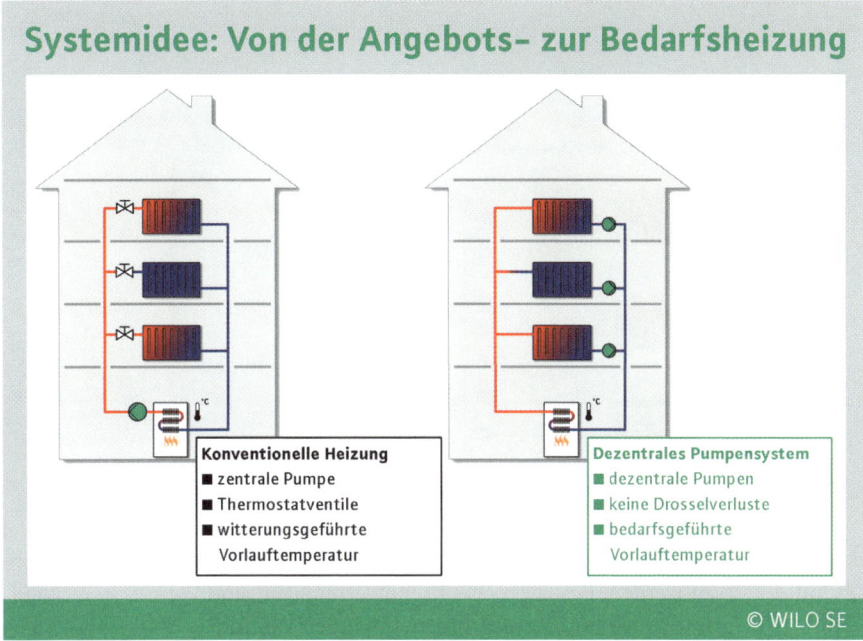

Abb. 7.5: Schema einer konventionellen Heizung mit Zentraler Pumpe und einer bedarfs-geführten Heizung mit dezentralen Pumpen an den Heizkörpern (Grafik: Wilo)

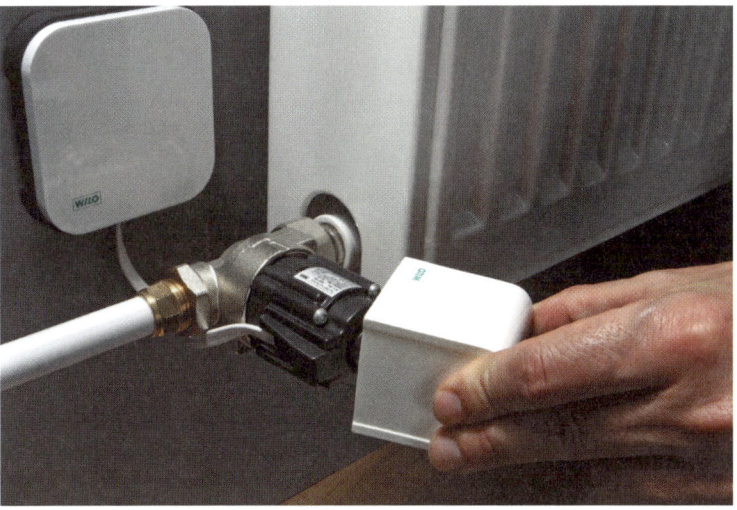

Abb. 7.6: Eine Umwälzpumpe in Größe und Form eines Thermostatventils an jedem Heizkörper (Foto: Wilo)

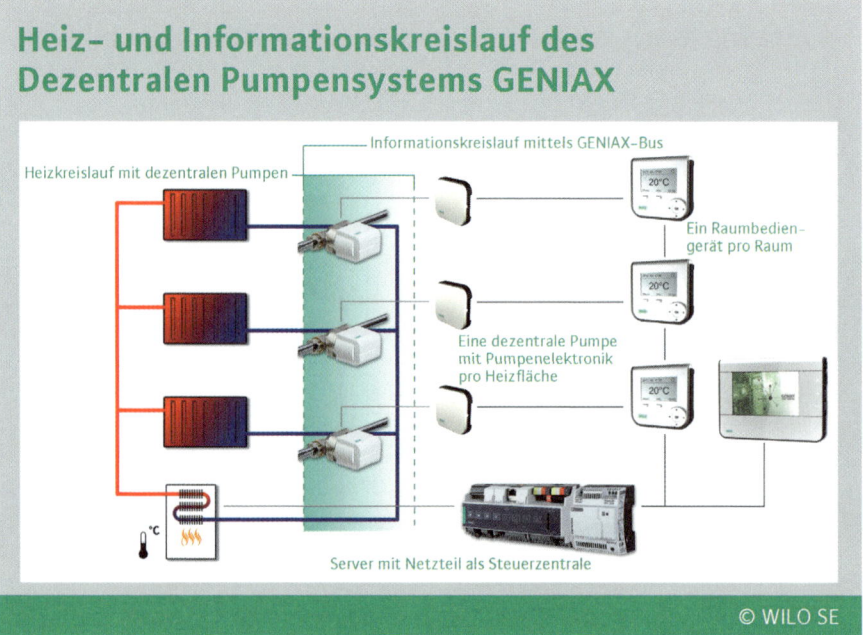

Abb. 7.7: Die durch einen Bus verbunden Komponenten eines dezentralen Pumpen-
systems (Grafik: Wilo)

Ein hydraulischer Abgleich ist bei diesem System nicht erforderlich. Der Hersteller
verspricht, dass die dezentralen Pumpen wesentlich weniger Strom verbrauchen als
eine ungeregelte zentrale Pumpe. Außerdem soll das System eine Heizkostenerspar-
nis von bis zu 20 % bringen. Die vielen kleinen Pumpen, die Elektronik und die Ver-
kabelung oder Funksender und -empfänger kosten entsprechend mehr als die heute
übliche Technik.

7.1.2   Hydraulischer Abgleich

Wenn einzelne Räume ständig zu warm und andere zu kalt sind, Strömungsgeräu-
sche in den Rohrleitungen zu hören sind oder die von der Heizung am weitesten entfernte Heizfläche nie richtig warm wird, deutet das darauf hin, dass die Druckver-
hältnisse im Heiznetz nicht stimmen.
Das in Deutschland übliche Pumpenwarmwassersystem soll die Wärme gleichmäßig, dem Bedarf entsprechend, in alle zu beheizenden Räume verteilen. Da das Wasser nach dem Prinzip des geringsten Widerstands auf dem kürzesten Weg zurück zur
Heizzentrale fließt, sieht es in der Praxis anders aus: Oft bekommen die entfernt und

hydraulisch ungünstig gelegenen Heizflächen oder Heizkörper nur wenig von der Heizwärme ab. Praktiker schätzen, dass die Heizungsanlagen in etwa 80 bis 85 % des Gebäudebestands nicht entsprechend einreguliert sind, trotz der Verordnung VOB/C und der DIN-Norm 18380. Wenn zu große Wasservolumenströme unkontrolliert im Rohrnetz fließen, ist ein unnötig hoher Energieverbrauch der Anlage die Folge. Das Wasser kann so schnell durch das Rohrnetz rauschen, dass ihm zu wenig Zeit bleibt, seine Wärme abzugeben. Experten schätzen, dass zwischen 5 % und 20 % Energie, in Einzelfällen bis zu 30 %, durch den hydraulischen Abgleich eingespart werden können. Das Problem ist nur lösbar, wenn ein Fachhandwerker für alle Heizkörper oder Heizflächen in einem Wärmeverteilungsnetz gleiche Widerstände erzeugt. Heute gibt es einfach zu bedienende Computerprogramme zur Auslegung von Rohrnetzen. Die Berechnungsschritte sind:

- Wärmebedarf raumweise ermitteln
- Heizflächen und deren Volumenströme berechnen, dabei sind die tatsächlich sich einstellenden Rücklauftemperaturen zu berücksichtigen
- Mit den ermittelten Heizkörpervolumenströmen das Rohrnetz berechnen

Die Industrie bietet voreinstellbare Thermostatventile und einstellbare Rücklaufverschraubungen an, damit das Fachpersonal die Volumenströme in den Leitungen und Heizkörpern optimal anpassen kann. Besonders für bestehende Rohrleitungen gilt: Wenn hier zu hohe Volumenströme und Differenzdruckverhältnisse auftreten, die Geräusche am Heizkörper verursachen, kann der Einbau von Strangregulierventilen oder Strangdifferenzdruckreglern Abhilfe schaffen. Richtig eingestellt, drosseln sie die Volumenströme auf das erforderliche Maß. Der hydraulische Abgleich mit diesen hochwertigen Anlagenkomponenten amortisiert sich schon nach wenigen Jahren. Bei Fußbodenheizungen sollte das gesamte Wärmeabgabesystem gleichmäßig mit 30 bis 35 °C durchströmt werden.

7.1.3   Abgasanlage

Herkömmliche Abgasanlagen funktionieren im Unterdruck und verursachen eine Sogwirkung. In den Stillstandzeiten der Feuerstätte wird deshalb dem Gerät Wärme entzogen. Durch das Entweichen warmer Raumluft über die Strömungssicherung geht weitere Energie verloren und es können unerwünschte Zugerscheinungen im Raum auftreten. Noch kritischer wird es, wenn mehrere Heizgeräte an einer gemeinsamen Abgasanlage angeschlossen sind. Durch die Strömungssicherung einströmende „Falschluft" beeinträchtigt die Funktion der Anlage und über Geräte, die stillstehen, können gefährliche Abgase in den Wohnraum gelangen. Das alles können Abgasklappen verhindern.

Thermische Abgasklappen

In der Norm DIN 3388, Teil 4 werden die Anforderungen für thermisch gesteuerte Abgasklappen festgelegt: Danach sind Aufbau, Gehäuseform, thermische Auslegung der Steuerorgane, Strömungswiderstand und Schaltzeiten exakt auf die Funktion einer oder mehrerer Gasfeuerstätten abzustimmen, sodass sich optimale Betriebsbedingungen ergeben. Thermisch über ein Bimetall gesteuerte Abgasklappen dürfen nur für Gasbrenner ohne Gebläse nach den entsprechenden Herstellerangaben verwendet werden.

Abb. 7.8: Thermisch gesteuerte Abgasklappe (Foto: Kutzner + Weber GmbH)

Motorische Abgasklappen

Motorische Abgasklappen sind für alle Öl- und Gasbrenner mit oder ohne Gebläse sowie für feste Brennstoffe und Biomassefeuerstätten einsetzbar. Ein Motor unterstützt dabei die Steuerung der Öffnung des Abgaswegs. Die motorisch gesteuerte Diermayerklappe öffnet, im Gegensatz zu den thermischen, bereits vor Inbetriebnahme des Brenners und verschließt während der Stillstandzeiten automatisch den Abgasweg, damit keine Wärme aus dem Brenner und dem Raum verloren geht.

Abb. 7.9: Motorisch gesteuerte Abgasklappe (Foto: Kutzner + Weber GmbH)

Abgaswärmetauscher

Der Öko-Carbonizer der Bschor GmbH aus Höchstädt an der Donau ist ein Wärmetauschgerät, das aus heißem Kaminrauch Nutzwärme gewinnt. Damit kann fast jede
Heizanlage nachgerüstet werden: z. B. Blockheizkraftwerke, Biobrennstoff-, Gas-,
Hackschnitzel-, Öl- und Pelletheizungen. Der Hersteller gibt an, dass dieser Wärmetauscher, an eine Hackschnitzelheizung angeschlossen, bis zu 30 % Heizenergie ein-
spart, bei einer Gasheizung sind es bis zu 20 % und bei einer Ölheizung bis zu 15 %.
Die gewonnene Wärme kann z. B. für Fußbodenheizungen oder Schwimmbadhei-
zungen genutzt werden oder frische Zuluft erwärmen.

Abb. 7.10: Das gelbe Wärmetauschgerät lässt sich problemlos an die Abgasleitung sowohl neuer Heizanlagen als auch an jede Altanlage anschließen. (Foto: Bschor GmbH)

Abb. 7.11: Im Inneren des Öko-Carbonizers wandelt hochkorrosionsbeständiges Öko-Carbon Abgaswärme in Nutzwärme. (Foto: Bschor GmbH)

7.1.4   Holzfeuerung optimieren

Der Abbrand handbeschickter Feuerstätten kann durch den Einbau einer automatischen Ofenregelung optimiert werden. Dadurch wird Brennstoff gespart, die Betriebssicherheit des Ofens erhöht sich und die Emissionswerte verringern sich. Eine Universalregelung für alle Kachelofeneinsätze, Kamineinsätze und Kaminöfen bietet z. B. Kutzner+Weber an. Der Sensor der Regelung misst Strömungsgeschwindigkeit und Temperatur im Abgasrohr und gibt diese Daten an den Prozessor der Regeleinheit weiter. Der Regler vergleicht die Daten mit den abgespeicherten Optimalwerten und gibt bei Abweichungen entsprechende Signale an die angeschlossenen Komponenten. So soll vom Anheizen bis zum Halten der Glut immer ein optimaler Abbrand des Holzes sichergestellt werden. Wenn der Strömungssensor einen Unterdruck feststellt, der besonders in Niedrigenergiehäusern mit dichter Gebäudehülle auftreten kann, steuert der Regler frühzeitig entgegen und vermeidet dadurch ein Zurückströmen von schädlichen Abgasen in den Wohnraum. Die Regeleinheit kann auch unter Putz eingebaut werden.

Rauchabsauger

Ein zusätzlicher Rauchabsauger sorgt für den zuverlässigen Abtransport der Abgase auch bei ungünstigen Witterungsverhältnissen, ungünstiger Schornsteinposition oder fehlerhafter Auslegung des Abgassystems. Der Rauchsauger wird auf die Kaminmündung montiert und erzeugt durch sein elektrisches Gebläse mit stufenlos variabler Drehzahl (Ansteuerung automatisch oder manuell) einen sicheren Zug im Schornstein. Seine Vorteile sind:

- Der Kaminquerschnitt bleibt offen und für den Kaminkehrer frei zugänglich.
- Die Technik sitzt außerhalb der aggressiven und heißen Abgase und ist deshalb wartungsarm.
- Der natürliche Zug des Kamins bleibt erhalten. Deshalb muss der Rauchsauger nicht permanent laufen und die Abgasanlage funktioniert auch bei Stromausfall. Der Hersteller sagt, dass sich der Rauchabsauger besonders für zugsensible feste Brennstoffe wie Holz, Pellets und Hackschnitzel eignet.

Darüber hinaus kann ein elektrostatischer Partikelabscheider den Feinstaub um 50 % bis 90 % reduzieren. Das haben Labormessungen ergeben. Die Abgastemperaturen müssen durchschnittlich unter 400 °C liegen und mindestens 1,5 m der Abgasleitung nach dem Partikelabscheider müssen aus Metall sein.

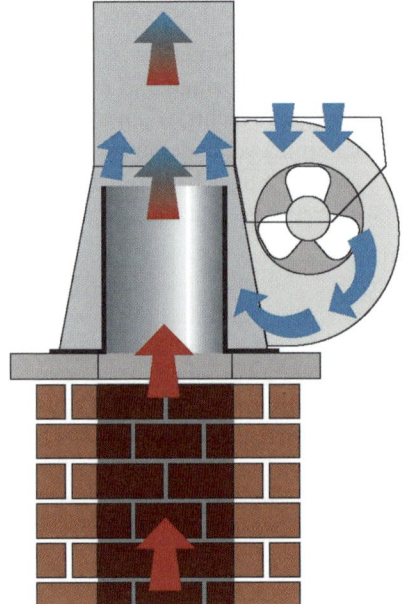

Abb. 7.12: Funktionsschema eines Rauchab-
saugers (Grafik: Kutzner + Weber GmbH)

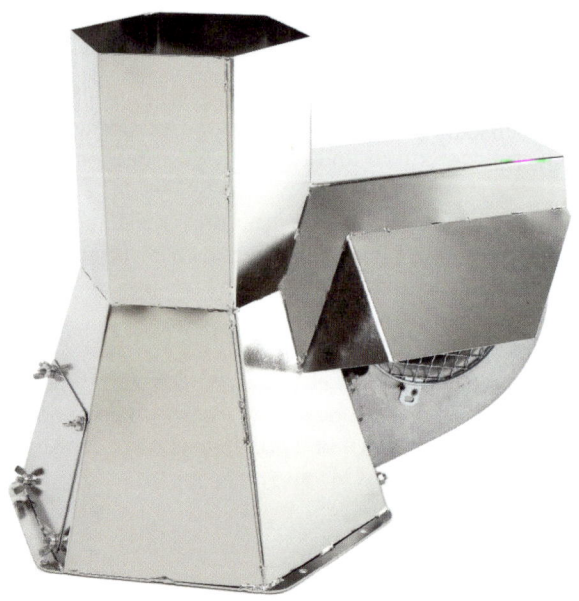

Abb. 7.13: Rauchabsauger (Foto: Kutzner + Weber
GmbH)

7.1.5   Getrennte Mischkreise

Bei Pufferspeichern kommt es nicht nur darauf an, welche Wärmemenge darin enthalten ist, sondern mehr noch darauf, welchen Nutzen sie erbringt. Wer eine Badewanne mit 38 °C warmem Wasser füllen will, dem nützt es nichts, wenn die gleiche Wärmemenge im Speicher so verteilt ist, dass sich damit zwei Badewannen nur mit 25 °C warmem Wasser füllen lassen. Ein so durchmischter Speicher ist nicht nur zu kalt, sodass der Heizkessel anspringen muss. Gleichzeitig ist er auch zu warm, um z. B. viel Solarwärme aufnehmen zu können. Bei einer guten Schichtung befindet sich hoch temperiertes Wasser in einem möglichst kleinen Bereich ganz oben, wo es zur Wärmeabgabe bereitsteht, während im restlichen Volumen darunter möglichst niedrige Temperaturen herrschen, damit dort Wärme, die die Solaranlage liefert, aufgenommen werden kann. Deshalb darf nie heißes mit kaltem Wasser gemischt werden, sondern immer nur entweder heißes mit warmem oder warmes mit kaltem Wasser.
Die Hintereinanderschaltung gemischter Heizkreise führt zu niedrigeren Rücklauftemperaturen und Volumenströmen. Das führt zu effizienteren Wärmeübergängen bei Brennwertsystemen, Solaranlagen, Pufferspeichern und Wärmepumpen. Wie viel Wärme in einem Puffer gespeichert werden kann, hängt zum einem von seinem Volumen und zum anderen von der Temperaturspreizung ab, mit der er betrieben wird. Eine Vergrößerung der Spreizung wirkt sich proportional auf die Wärme aus, die ein bestimmtes Puffervolumen aufnehmen kann. Die Schichtung im Puffer ist umso stabiler, je geringer der Volumenstrom und je größer das Temperaturgefälle ist. Um die Temperaturspreizung im Puffer möglichst hoch zu halten, ist beim Laden erst die obere Zone vollständig aufzuladen und erst danach der untere Teil des Speichers.
Spezielle Mehrwegemischer können dazu beitragen, dass ein Pufferspeicher bis zu 35 % mehr Wärmeenergie abgeben kann (belegt durch einen Versuchsaufbau in der Handwerkskammer Arnsberg). Das warme Wasser kommt auf eine der folgenden Arten in den Mischer:

- Aus dem Rücklauf eines höher temperierten Heizkreises, dabei werden die Hochtemperatur- und Niedertemperaturkreise hintereinandergeschaltet. Der Rücklauf des Hochtemperaturkreises wird zum Vorlauf des Niedertemperaturkreises.
- Das warme Wasser stammt aus dem Pufferspeicher. Solange die untere Kaltzone des Puffers genügend Temperatur liefern kann, wird auf diese zugegriffen. Danach wird die Wärme der darüberliegenden Heißzone entnommen, wobei das heiße Wasser von oben mit warmem Wasser aus der Puffermitte gemischt wird. So wird deutlich weniger heißes Wasser benötigt als bei einem Dreiwegemischer mit kaltem Wasser vom Heizkreisrücklauf. Gleichzeitig gelangt der Kaltwasserrücklauf voll in den Puffer. Durch diese Art der Wärmeentnahme bleibt der Puffer oben länger heiß und wird unten schneller kalt.

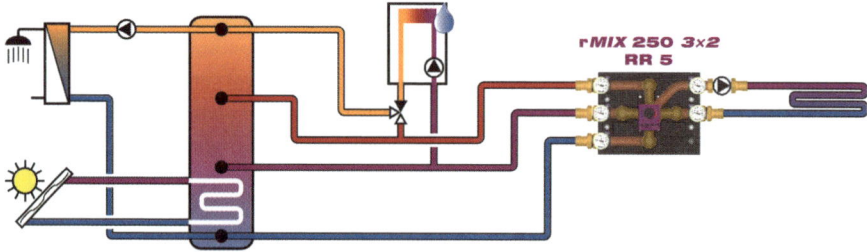

Abb. 7.14: Schema des Zweizonenprinzips. (Grafik: Baunach)

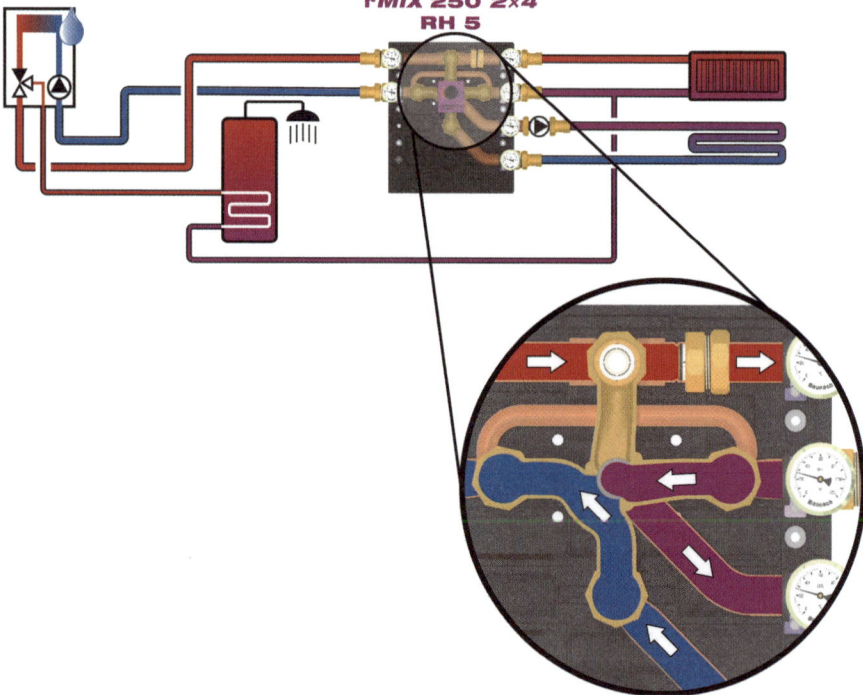

Abb. 7.15: Rücklaufnutzung. (Grafik: Baunach)

Funktionsprinzip des Mehrwegemischers

Der Stellkörper des Mischers rendeMIX verbindet nur jeweils zwei seiner drei Eingänge mit dem einzigen Ausgang, sodass entweder heißes mit warmem oder warmes mit kaltem Wasser vermischt wird. Auf diese Weise wird möglichst viel vorhandenes Warmwasser genutzt und nur wenig heißes oder kaltes Wasser zugemischt. Dadurch wird die im Heizwassernetz verfügbare Wärme optimal ausgenutzt und die Rücklauftemperatur zum Wärmeerzeuger sinkt. Der Stellantrieb kann von jedem witterungsgeführten Regler (z. B. aus dem Kesselzubehör, 230-V-Dreipunktsignal) angesteuert werden. Die HG Baunach GmbH bietet alternativ einen Antrieb mit integriertem Festwertregler an.

Beispiel: Solaranlage, Wärmepumpe und Pufferspeicher

Während eine Wärmepumpe einen großen Volumenstrom mit kleiner Temperaturspreizung aufweist, arbeitet der an die solarthermische Anlage angeschlossene Pufferspeicher genau umgekehrt bei geringem Volumenstrom und großer Spreizung. Die Solaranlage benötigt zur effizienten Energiegewinnung unbedingt niedrige Rücklauftemperaturen. Nur so kann sie im Winter einen nennenswerten Beitrag zur Heizungsunterstützung leisten. Die durch die Solaranlage gewonnene Wärme wird in einem Pufferspeicher so geschichtet, dass immer das heißeste Wasser oben und das kälteste unten gelagert wird. Auf diese Weise kommt es nicht zur Vermischung, es sind sowohl hohe als auch niedrige Temperaturen verfügbar.

Würde nun die Wärme der Wärmepumpe ebenfalls im Pufferspeicher lagern, hätte das eine Zerstörung dieser gewünschten Temperaturschichtung zur Folge und anschließend wäre keine Solarwärmenutzung mehr möglich. Eine mögliche Lösung ist in diesem Fall: Eine träge Fußboden- oder Wandheizung wird zum Puffer für die Wärmepumpe. Als Niedertemperatursysteme mit großem Volumenstrom passen Flächenheizung und Wärmepumpe so optimal zusammen.

7.2   Die optimale Regelung

Regeln von Heizungsanlage und Raumtemperatur

Eine optimale Regelung sorgt dafür, dass die individuell vorgegebenen Raumtemperaturen möglichst genau gehalten werden. Die Führungsgröße *(Eingangs-/Steuergröße)* des Reglers ist entweder die Raumtemperatur (einfachste Form) oder die Außentemperatur. Regelgröße *(Ausgangs-/Stellgröße)* ist die Vorlauftemperatur der Heizung. Die Regelung einer Wärmeabgabe erfolgt in der Regel durch Ein- und Ausschalten der Wärmepumpe.

Tipp

Außentemperaturfühler sind vorzugsweise an der Nordseite des Hauses zu platzieren. Wenn das Haus große Fensterflächen hat, kann es vorteilhafter sein, Außentemperaturfühler auf der Ostseite zu montieren. Das schützt vor Überhitzung und vor zu später Abschaltung der Heizung, besonders bei trägen Flächenheizungen.

Eine moderne vollautomatische Regelung an der Heizanlage sorgt abhängig von der Witterung und den Gewohnheiten der Hausbewohner für die richtige Wärmemenge. Weitere Raumregler passen die Wärmeversorgung in den einzelnen Räumen der tatsächlichen Nachfrage an, bei Zentralheizungen sind das meistens die Thermostatventile. Die wichtigsten Einflussgrößen sind die Außentemperatur, die Abwärme von Personen und Elektrogeräten und die Sonneneinstrahlung.

Abb. 7.16: (Foto: Bund der Energieverbraucher)

Hinweis

Wenn mehrere Thermostatventile im Raum sind, sparen Sie nichts, wenn Sie eines oder mehrere niedriger einstellen. Die höher eingestellten Heizkörper müssen dann entsprechend länger heizen, um die gewünschte Raumtemperatur zu erreichen. Besonders spürbar ist das bei der morgendlichen Aufheizung: Sie dauert entsprechend länger, da nicht alle Heizkörper beteiligt sind.

Übrigens geht das Aufheizen auf Stufe „5" nicht merklich schneller als auf Stufe „3", da in beiden Fällen das Ventil bis kurz vor Erreichen der eingestellten Temperatur voll geöffnet ist. Auf Stufe „5" wird jedoch die gewünschte Temperatur zunächst mit Sicherheit überschritten und damit unnötigerweise mehr Energie verbraucht. Kleine Kunststoffschieber können den Einstellbereich nach oben begrenzen.

Zeitprogrammierbare elektronische Thermostatventile ermöglichen es, bei längerer Abwesenheit die einzelnen Raumtemperaturen abzusenken und rechtzeitig wieder anzuheben.

Das zentrale Regelgerät an der Heizanlage passt die Vorlauftemperatur der Außen-temperatur an. D. h., es fährt die Kesseltemperatur herunter, wenn die Wärmenach-frage abnimmt. Wenn es auch die stufenlosen Umwälzpumpen und die Laufzeiten des Brenners steuert, werden der Energieverbrauch und die Emissionen der Anlage weiter vermindert.

Inzwischen sind auch sogenannte *selbstlernende* oder *selbstoptimierende Regler* auf dem Markt. Der Regler ermittelt nach mehrmaligem Aufheizen und Temperaturab-senken die optimalen Einstellwerte selbst. Er braucht dazu einen zusätzlichen Raum-temperaturfühler, der an geeigneter Stelle montiert werden muss.

Regler optimal einstellen

- Die Heizkurve (Vorlauftemperatur in Abhängigkeit von der Außentemperatur) sollten Sie nicht zu hoch und steil einstellen, damit die Wärmeverluste mög-lichst klein sind. Der Verlauf der Heizkurve ist leicht gekrümmt, da die Wärme-abgabe der Heizflächen bei unterschiedlichen Temperaturen nicht linear erfolgt. Bei Heizungen mit Heizkörpern sind Werte für die Steilheit zwischen 1,2 und 1,6 typisch, bei Flächenheizungen Werte um 0,5. Ein Wert von 1,5 bedeutet, dass eine Änderung der Außentemperatur von 1 °C eine Änderung der Vorlauftempera-tur um 1,5 °C bewirkt. Wenn die Außentemperatur die Heizgrenze überschreitet, schaltet der Regler die Heizung ab.
- Die Regelung sollten Sie sehr knapp einstellen: Wählen Sie zunächst die flachste Heizkurve mit den geringstmöglichen Vorlauftemperaturen und gehen Sie erst zur nächsten darüberliegenden Heizkurve über, wenn das nicht für ausreichende Raumtemperaturen reicht.
- Wählen Sie möglichst niedrige Raumtemperaturen.

Oft ist die Heizgrenze, bei der Regler die Heizung ausschaltet, viel zu hoch eingestellt. Bei über zehn Jahre alten Reglern sind meistens 22 °C Außentemperatur unveränder-bar vorgegeben, ein Hersteller wählt sogar 31 bis 36 °C als Werksvoreinstellung. Bei einer solchen Einstellung läuft die Heizung nahezu immer, wird praktisch nie kom-plett ausgeschaltet.

Neue Regler haben eine statische und eine dynamische, selbst einstellbare Heizgrenze. Der Energieexperte Dietrich Beitzke, Diplomingenieur und unabhängiger Sachverstän-diger in Aachen, hat in jahrelangen Versuchen festgestellt, dass die Heizung oft bereits bei 12 °C bis 15 °C ohne Probleme abgeschaltet werden kann. D. h., durch die im Haus gespeicherte Wärme und Sonneneinstrahlung bleibt es längere Zeit innen mindestens 20 °C warm. Durch optimale Einstellung der Heizgrenze können Sie in der Übergangs-zeit 27 % bis 35 % Heizenergie einsparen (*www.beitzke.de* und *www.heizungsbetrieb. de*). Ein großes Sparpotenzial hat außerdem die Steuerung der Heizung durch eine mehrtägige Wetterprognose. Experten gehen davon aus, dass eine exakte Wettersteuerung der Heizung im Idealfall bis zu 50 % der Kosten sparen könnte. Am Markt vertreten mit entsprechenden Produkten sind z. B. die Firmen Gesytec (verspricht 10 % bis 35 % Einsparung) und eGain (verspricht 10 bis 15 % Einsparung).

Abb. 7.17: Wärmepumpenregler mit Anzeige der Heizkurve (Foto: Junkers)

Nachtabsenkung

Eine Absenkung der Raumtemperatur in der Nacht oder auch während der Abwesenheit der Hausbewohner spart ohne Komforteinbußen zwischen 5 % und 10 %. In sehr gut gedämmten Bauten können die Bewohner die Heizung während der Nacht sogar ganz abschalten. Moderne Regler berechnen den optimalen Heizbeginn selbst. Sie müssen nur die Zeit eingeben, zu der die normale Raumtemperatur erreicht sein soll.

7.3   Checkliste Heizungswartung

Für alle Heizanlagen, die Abgase erzeugen, gelten folgende Wartungsintervalle:

Jährlich:

- Abgaswegeprüfung und Immissionsschutzmessung durch Schornsteinfeger
- Wartung und Reinigung durch SHK-Handwerker

Zu Beginn und Ende der Heizperiode:

- Kontrolle des Wasserdrucks, bei Bedarf Heizkörper entlüften und Wasser auffüllen sowie Lecks beseitigen

- Kontrolle der Zeit und der Temperatureinstellung am Regler
- Wenn nach der Heizzeit das Brauchwasser solar erwärmt wird: Ausschalten der Heizung einschließlich der Umwälzpumpen

Alle vier Wochen außerhalb der Heizperiode:

- Sofern dies nicht automatisch geschieht: Umwälzpumpen für etwa 10 min einschalten, damit sie sich nicht festsetzen

Zur Erinnerung
Nach einem Stromausfall kann es nicht schaden, den richtigen Gang der Schaltuhren zu überprüfen.
Nach Reparaturen am Heiznetz sollte man den Druck prüfen und gegebenenfalls Wasser nachfüllen.

7.4   Wärmepumpenheizungen richtig regeln

Überdimensionierte Wärmepumpen takten entsprechend öfter als zum Wärmebedarf genau passende Wärmepumpen. Ein fachgerecht geplantes Wärmeverteilsystem sorgt dafür, dass es trotz dieser Ein- und Ausschaltvorgänge zu keinen merklichen Temperaturschwankungen in den Wohnräumen kommt. Einzelne Hersteller regeln auch die Kompressordrehzahl, was jedoch wesentlich schwieriger ist.

Für die effiziente Regelung der Wärmepumpenheizung, die viel Strom spart, gilt grundsätzlich das Gleiche wie im vorigen Abschnitt.
Je nach Hersteller übernimmt die Regelung der Vorlauf- oder Rücklauftemperatur noch folgende Aufgaben:

- Begrenzung der Schalthäufigkeit über eine Einschaltverzögerung oder vorgegebene Mindestlaufzeiten des Wärmepumpenkompressors
- Bei Luft/Wasser-Wärmepumpen: Abtauen des Verdampfers
- Sondertarifzeiten berücksichtigen
- Warmes Brauchwasser bereiten
- Mischer steuern
- Zusätzliche Wärmeerzeuger steuern (z. B. elektrischer Heizstab)
- Sicherheitsfunktionen überwachen

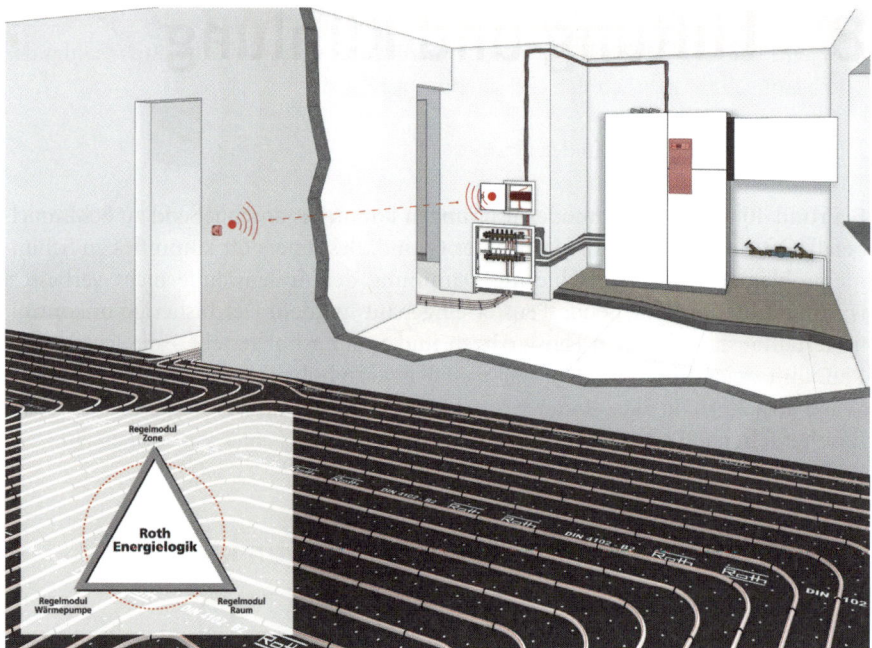

Abb. 7.18: Wärmepumpenanlage mit Fußbodenheizung und aufwendiger dreistufiger Regellogik. (Grafik: Roth Werke)

Wenn Sie eine hohe Nachtabsenkung einstellen, führt das dazu, dass die Räume am Tag überhitzt werden. Hat das Haus Niedrigenergiestandard (oder besser), verzichten Sie besser auf eine Nachtabsenkung. Die von der Energie-Einspar-Verordnung vorgeschriebene Einzelraumregelung passt nicht mit der durch die großen Speichermassen trägen Fußbodenheizung zusammen. Kritisch ist das aber nur, wenn Sie Vermieter sind: Dann müssen Sie eine Einzelraumregelung einbauen. Als Bewohner eines eigenen Hauses kann Sie niemand dazu zwingen.

Wenn Heizkreise mit Einzelraumregelung ausgestattet werden, können Sie Nachteile vermeiden, indem Sie einen gut wärmegedämmten Pufferspeicher parallel einbinden und eine drehzahlgeregelte Heizkreispumpe installieren.

Oft wird der vorgeschriebene hydraulische Abgleich „vergessen". Nur wenige Handwerker führen ihn durch. Die Folge ist, dass die Arbeitszahl der Wärmepumpenheizung deutlich heruntergeht.

Darüber hinaus empfiehlt es sich, den Kondensatablauf und den Verdampfer der Wärmepumpe luftseitig regelmäßig zu inspizieren und bei Bedarf zu reinigen. Achten Sie darauf, dass alle Armaturen gut wärmegedämmt sind.

8 Lüftung und Kühlung

Bei rund 40 % der Altbaumodernisierungen kommt es anschließend zu Schimmel-befall. Oft sind Fehler beim Umbau der Grund. Besonders oft kommt es zu Schim-melproblemen, wenn die schlechte Dämmung der Außenwände nicht verbessert wurde und dicht schließende Fenster eingebaut wurden. Der bisherige unkontrol-lierte Luftaustausch durch Fensterritzen und Spalte ist abgestellt – die Feuchte der Raumluft steigt unweigerlich an. Aber auch eine zu hohe Luftfeuchtigkeit z. B. durch Wäschetrocknen in den Räumen begünstigt die Schimmelbildung. Sie kann das Resultat falschen Lüftungsverhaltens sein.

8.1 Wie Sie Schimmelbefall vorbeugen können

Schimmelflecken sind nicht nur hässlich. Viele Pilzsporen und ihre Absonderun-gen gefährden auch die Gesundheit. Häufig sind Atemwegserkrankungen die Folge. Oft verbreiten sich Schimmelpilze unsichtbar unter Tapeten, hinter Schränken oder Holzdecken und -verkleidungen. Wenn es modrig riecht, ist das ein Alarmzeichen: In diesem Fall hilft eine Raumluftmessung durch ein Messinstitut dabei, den Schim-mel aufzuspüren.

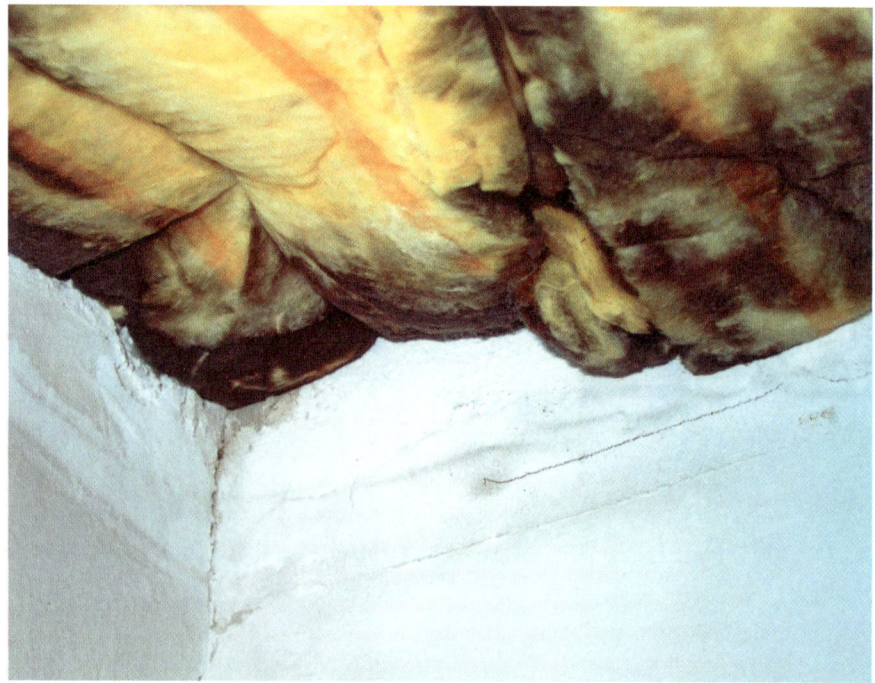

Abb. 8.1: Angeschimmelte Dachdämmung (Foto: Erich Keller)

Oft breitet sich Schimmel an Wärmebrücken aus. Aber schon das Aufstellen von Möbelstücken zu nah an schlecht gedämmten Außenwänden oder in Außenecken kann zu Schimmelproblemen führen. Die Wände werden dann von der Raumluft nicht ausreichend erwärmt und kühlen stärker aus. Wenn es draußen längere Zeit kalt ist, schlägt sich dann Feuchtigkeit an der zu kalten Wandoberfläche nieder. Die Abkühlung hinter Schränken kann bis zu 6 °C ausmachen. Es empfiehlt sich, selbst Bilder an solchen Wänden mit Abstandhaltern zu versehen.

Die Ursache des Pilzbefalls ist immer eine zu hohe Luftfeuchtigkeit. Luft enthält Wasser in Form von unsichtbarem Wasserdampf. Je kälter die Luft ist, desto weniger Feuchte kann sie aufnehmen: Die überschüssige Feuchte schlägt sich draußen als Tau oder im Winter als Reif nieder. Die Grenztemperatur, bei der bei einer bestimmten Luftfeuchte die relative Luftfeuchtigkeit 100 % erreicht, heißt *Taupunkttemperatur*. Schimmelwachstum beginnt jedoch schon früher: Pilzsporen können auskeimen und wachsen, wenn über eine längere Zeit auf einer Oberfläche die relative Luftfeuchte über 70 % bis 80 % steigt. Deshalb ist es angebracht, statt der Taupunktkurve eine Schimmelpunktkurve bei der Gestaltung des Wandaufbaus zu beachten. Bei 20 °C und 50 % relativer Luftfeuchte liegt die Taupunkttemperatur bei 9,3 °C, aber die Gefahr von Schimmelbildung besteht bereits bei innenseitigen Oberflächen-temperaturen von Außenwänden unter 12,6 °C.

Kommt feuchte Raumluft an Oberflächen, die kühler sind als die Lufttemperatur, kann sie sich dort beim Vorbeistreichen abkühlen. Die dann überschüssige Feuchte schlägt sich dort als Kondensat nieder – besonders an Wärmebrücken. Im Verborgenen kann sich Schimmel bilden, wenn bei Innendämmungen Raumluft doch hinter oder in die Dämmung dringen kann.

Hinweis

Die relative Luftfeuchte in Wohnräumen sollte 45 % bis 60 % betragen, bei großer Schimmelgefahr maximal 50 %. Auch wenig benutzte Räume sind immer gut zu lüften und mit mindestens 18 °C zu beheizen. Wenn sich Kondenswasser an der Fensterscheibe bildet, wird es höchste Zeit zu lüften. Zur Kontrolle der Luftfeuchtigkeit dient ein Hygrometer.

Besonders viel Wasserdampf entsteht beim Baden und Duschen sowie beim Kochen und Wäschetrocknen. Auch viele Blumen und Topfpflanzen tragen dazu bei, dass sich die Luftfeuchtigkeit erhöht. In einem gut gedämmten und luftdichten Haus ist zweimal täglich fünf Minuten Durchzug auf jeden Fall zu wenig.

Ein weiterer Grund zum Lüften ist die Schadstoffanreicherung in der Raumluft. Viele Kunststoffe, Pressspanplatten oder auch Bezüge wie Leder enthalten z. B. Weichmacher oder Formaldehyd. Selbst Massivholz wie Kiefer dünstet natürlicherweise Terpene aus. Wird nicht oder zu wenig gelüftet, sammeln sich in der Wohnraumluft teils bedenklich hohe Schadstoffkonzentrationen an. Gesundheitliche Beeinträchtigungen können die Folge sein.

Notwendige Lüftungszeiten in Minuten pro Stunde:

Fensterstellung	gekippt	halb offen	ganz offen	Querlüftung
Januar	11	3	2	1
Februar	12	3	2	1
März	14	4	3	1
April	21	6	4	1
Mai	53	16	10	3
Oktober	48	15	9	3
November	18	5	3	1
Dezember	12	4	2	1

Juni bis September: 25 bis 30 Minuten pro Stunde Querlüftung (Quelle: GRE)

Faustregel: Je wärmer und windstiller es ist, desto länger ist zu lüften. Wer jedoch in der kalten Jahreszeit so lange lüftet, dass die Wände auskühlen – z. B. mit dauergekippten Fenstern – verschwendet teure Heizenergie. Ideal ist, wenn die gesamte Raumluft alle zwei Stunden gegen frische Außenluft getauscht wird (0,5 Luftwechsel pro Stunde). Aber in einem gut abgedichteten Gebäude ist das ohne eine Lüftungsanlage kaum möglich.

Tipp

Vermehrt saugfähige Oberflächen wie z. B. Kalk- und Lehmputze behindern die Schimmelbildung. Kalk hat eine natürlich pilztötende Wirkung.

8.2   Lüftungssysteme

Die Wohnungslüftung soll für immer saubere Raumluft sorgen und die Luftfeuchtigkeit regulieren. Das wird bei besonders dichten Häusern leicht zum Problem. Mit herkömmlicher Fensterlüftung ist ein ausreichender Luftaustausch nur schwer herzustellen: Um einen etwa 0,3-fachen Luftwechsel zu erreichen, müssten die Fenster mindestens alle drei Stunden für 5 bis 10 Minuten (abhängig von Wind und Temperatur) ganz geöffnet werden – auch in der Nacht. Da das in der Praxis niemand tut, ist die Luftqualität in den Wohnungen oft entsprechend schlecht und die Luftfeuchtigkeit zu hoch.

Aber auch wer in einem undichten Haus sitzt, hat kaum Grund zur Freude. In Mitteleuropa schwanken die Temperaturen derart stark, dass hohe Windgeschwindigkeiten auftreten. Dann zieht es in einem undichten Haus enorm. Die Lüftung ist wetterabhängig und kaum kontrollierbar. Außerdem kann die durch die Fugen austretende Warmluft Bauschäden verursachen.

Bei einer Altbausanierung ist die Luftdichtigkeit der Gebäudehülle auf jeden Fall zu erhöhen, z. B. sind eventuell Fenster- und Bauteilanschlüsse abzudichten und eine Thermohaut anzubringen. Es ist wichtig, die Luftdichtigkeit der Gebäudehülle bereits bei der Planung der Anlage durch einen Blower-Door-Test zu überprüfen. Ungewollte Leckluftströmungen, die die Wirkung der Lüftungstechnik verschlechtern oder gar zunichtemachen, können rechtzeitig erkannt und beseitigt werden. Ein gut gedämmtes luftdichtes Haus braucht eine Lüftungsanlage, die ständig frische Luft zuführt und verbrauchte Luft abführt. Wenn die Abluft über das Dach abgeführt wird, sind die Geräusche außerhalb des Hauses besonders gering. Im Altbau ist eine dezentral installierte Anlage, die keine teuren Eingriffe in die Bausubstanz und aufwendige Rohrleitungen erfordert, eine kostengünstige Alternative. Dezentrale Lüftungssysteme mit Wärmerückgewinnung haben sich seit vielen Jahren bewährt.

Fensterlüftung

Je kälter es draußen ist, desto weniger Feuchtigkeit ist in der Außenluft enthalten und desto kürzer kann die Lüftungszeit sein. Während bei der Stoßlüftung mittels Durchzug große Luftmengen in kurzer Zeit ausgetauscht werden, wird bei gekippten Fenstern ein Großteil der von den Heizkörpern aufsteigenden Warmluft direkt nach außen geführt.

Als Faustregel bei mittleren Temperaturen gilt, dass der Luftaustausch etwa erreicht wird:

- bei Stoßlüftung mit Durchzug nach 2 Minuten
- bei Stoßlüftung ohne Durchzug nach 10 Minuten
- bei gekippten Fenstern nach 60 Minuten

Wenn im Winter 5 Minuten Stoßlüftung reichen, sind es in der Übergangszeit 15 Minuten und im Sommer 25 Minuten.

Wird zu wenig gelüftet, ist die Luft schlecht durch Schadstoffe und Ausdünstungen und eine zu hohe Luftfeuchtigkeit begünstigt das Wachstum von Hausstaubmilben und Schimmelpilzen – und damit Allergien. Auch gefährliche Stoffe wie z. B. das radioaktive Edelgas Radon können sich dann in erdnahen Räumen anreichern (Souterrainwohnung) und zu gesundheitlichen Problemen führen. Wenn Sie in einer strengen Frostperiode jedoch zu viel lüften, wird die Raumluft zu trocken, was die Atemwege belastet und nebenbei Heizenergie verschwendet.

Der Gründer des Passivhaus-Instituts (PHI) in Darmstadt, Dr. Wolfgang Feist, empfiehlt deshalb grundsätzlich, eine Lüftungsanlage einzubauen. Bis zum Niedrigenergiehaus-Standard reiche eine Abluftanlage. Beim Passivhaus ist eine automatische

Be- und Entlüftung mit Wärmerückgewinnung zwingend notwendig, da ohne diese der entsprechend niedrige Heizenergieverbrauch nicht erreicht würde.

Wohngesundheit

Dicke Luft macht krank

Wer seine Wohnung ungenügend lüftet, setzt sich der Gefahr aus, von Atemwegserkrankungen, Allergien, Kopfschmerz, Konzentrationsschwäche oder Schlappheit geplagt zu werden. In einer Untersuchung von 3.000 Wohnungen hat das Bundesgesundheitsamt festgestellt, dass unzureichende Frischluftzufuhr durch zu wenig Lüften bei den Ursachen von Beschwerden der Bewohner mit 53 % klar vorn liegt.

Beeinträchtigt wird ein gesundes Raumklima durch:

- das vom Menschen beim Atmen ausgestoßene Kohlendioxid
- Ausdünstungen von Baumaterialien, Bodenbelägen, Möbeln und Geräten
- ungefilterte Außenluft mit Allergenen und Staub
- die immer beliebteren offenen Feuerstellen
- zu hohe Luftfeuchtigkeit infolge von Wäsche waschen, kochen, duschen und Pflanzen gießen. Sie begünstigt das Wachstum von Milben und Schimmelpilzen: heute oft ein leidiges Thema bei Mietern, Vermietern und Bauherren.

Stiftung Warentest hat festgestellt, dass oftmals die Schadstoffbelastung in schlecht gelüfteten Wohnungen höher ist als an viel befahrenen Straßenkreuzungen.

8.2.1   Abluftanlage

Die kostengünstigste Lösung ist eine Abluftanlage, die verbrauchte und feuchte Luft aus Küche, WC und Bad abzieht. Ein zentraler oder auch mehrere dezentrale Ventilatoren fördern diese Luft über Kanäle nach draußen. Durch Außenluftdurchlässe strömt Frischluft fein verteilt in die Wohn- und Schlafräume. Diese Luftdurchlässe können sehr unauffällig sein. Wenn eine erhaltenswerte Fassade in einem Altbau nicht beeinträchtigt werden soll, können die Zuluftdurchlässe z. B. im Fensterrahmen untergebracht werden.

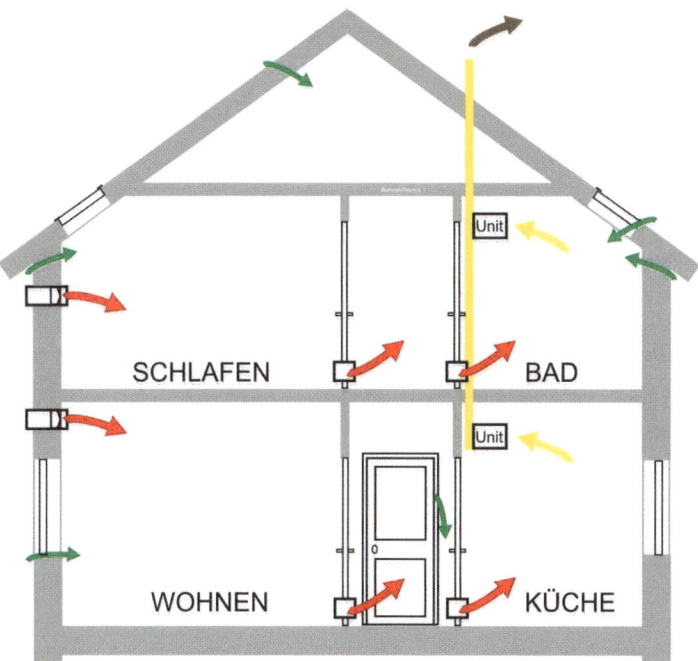

Abb. 8.2: Schema eines Abluftsystems (Grafik: LUNOS)

Abb. 8.3: Kaum sichtbare Lüftungsöffnung in der Fensterlaibung (Foto: LUNOS)

Abb. 8.4: Aufbringen der Lüftungsöffnung zusammen mit der Dämmung (Foto: LUNOS)

Abb. 8.5: Außenwanddurchlass, siehe Bildmitte im oberen Bereich (Foto: LUNOS)

Am besten ist es, wenn ein Heizkörper unter dem Außenluftdurchlass steht, damit die im Winter einfallende Kaltluft unmittelbar erwärmt wird. Die Zuluftöffnungen verfügen über Insekten- und Grobfilter sowie Regenschutz. Ihr Einströmquerschnitt kann automatisch oder manuell verändert werden. Für den Fall, dass sie der Straße zugewandt sind, gibt es schallschluckende Einbauten.

Die Schweden haben schon über 50 Jahre Erfahrung mit diesen einfachen Systemen. Auch in Frankreich sind sie weit verbreitet. Der mit ihnen verbundene Lüftungswärmeverlust ist jedoch mindestens doppelt so hoch wie in einem Passivhaus mit geregelter Be- und Entlüftung über Wärmetauscher.

„Vornehme", alte Stadthäuser waren oft mit einem zentralen Abluftschacht ausgestattet. Die warme Raumluft stieg durch Auftrieb nach oben. Die Luftmenge konnte in jeder Etage mit Schiebern geregelt werden. Als Zuluftöffnungen dienten die damals noch undichten Fenster.

8.2.2   Automatische Lüftungsanlage mit Wärmerückgewinnung

Da hohe Wärmeverluste durch falsches Nutzerverhalten oder ungeeignete Lüftungseinrichtungen entstehen, trägt neben der Verbesserung der Dämmung der nachträgliche Einbau einer Lüftungsanlage mit bis zu 90 % Wärmerückgewinnung erheblich zur Energieeinsparung bei.

Zentrale Systeme

Dieser Anlagentyp saugt verbrauchte warme Luft aus dem Raum ab. Zeitgleich saugt das System kühlere Frischluft von außen zentral über einen Filter an und leitet sie über ein eigenes Kanalsystem in die Wohn- und Schlafräume. Ein Wärmeüberträger führt der frischen, gefilterten Zuluft die Wärme der Abluft zu. Ein zentrales System bietet sich in Altbauten mit großen Deckenhöhen an, sodass genügend Platz für Geräte und Verteilsysteme in abgehängten Decken, z. B. im Flur, zur Verfügung steht.

Das Prinzip einer Lüftungsanlage

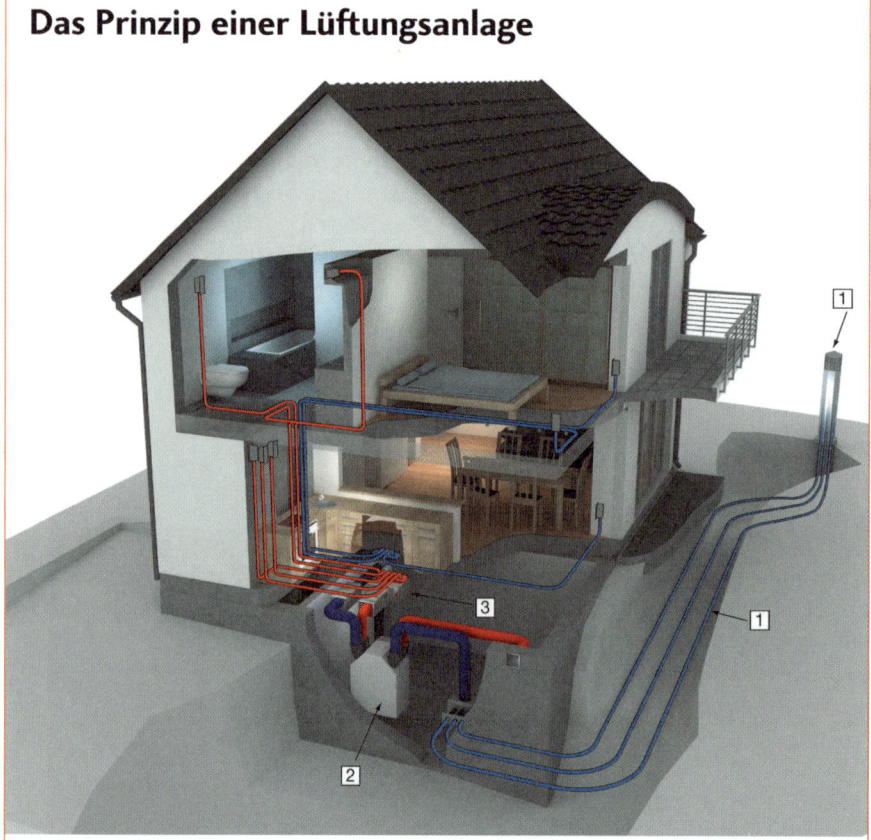

Der Erdwärmetauscher mit Absaugturm (1) wärmt oder kühlt die Außenluft.
Im Haus strömt die vortemperierte Luft zum zentralen Lüftungsgerät (2).
Von dort leitet das Luftverteilsystem (3) sie in die Räume.

Grafik: Bausparkasse Schwäbisch Hall

Abb. 8.6: Das Prinzip einer Lüftungsanlage

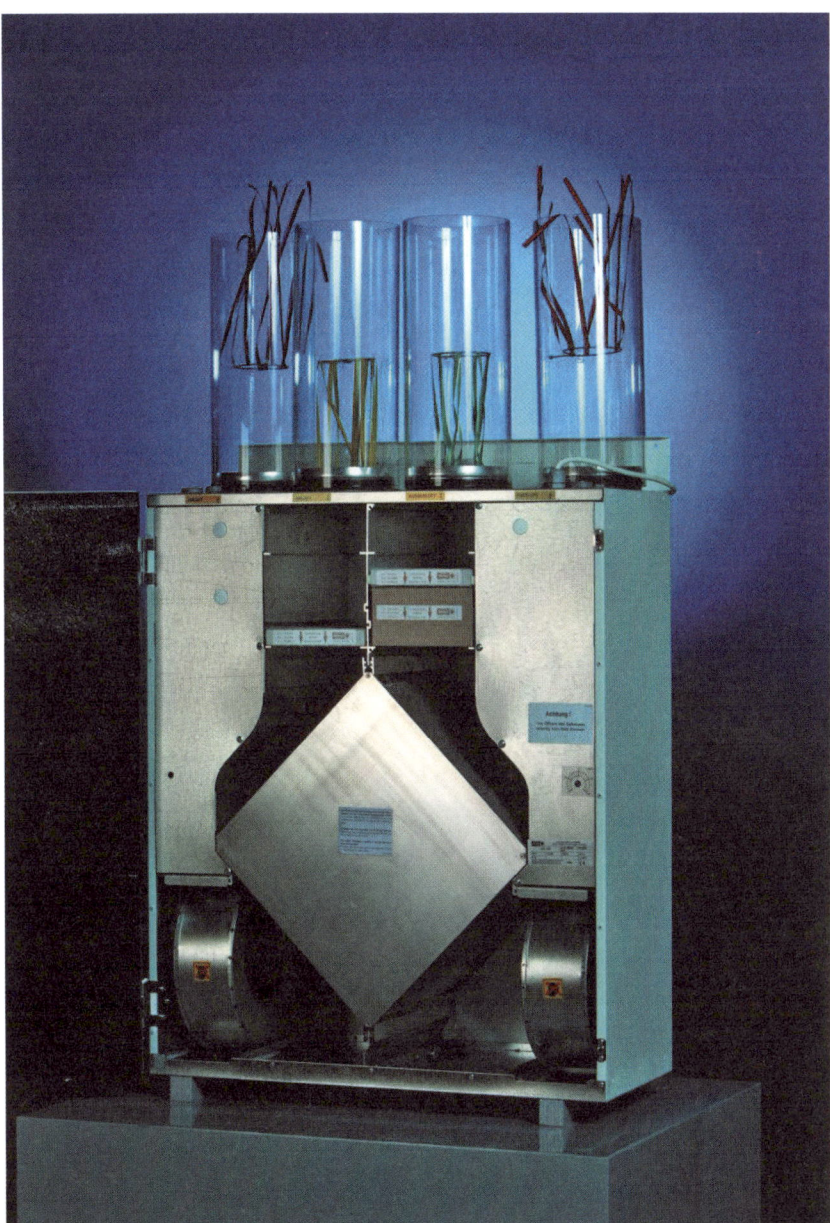

Abb. 8.7: Kompaktgerät zur Wohnungslüftung und Wärmerückgewinnung aus der Abluft, im Wärmetauscher kreuzen sich Frischluft und Abluft berührungsfrei. (Foto: Bosch Thermotechnik GmbH)

Vorteile der Lüftungsanlagen:

- Sie transportieren zuverlässig zu hohe Luftfeuchte ab.
- Sie vermeiden dadurch Schimmelpilze und Bauschäden.
- Sie minimieren Schadstoffe in Innenräumen wesentlich sicherer und wirksamer als die übliche Fensterlüftung.

Abb. 8.8: Schema eines Lüftungssystems mit Wärmerückgewinnung für die Bestand-sanierung (Grafik: Pluggit)

Abb. 8.9: Dieses Lüftungsgerät mit Wärmerückgewinnung wird an der Wand montiert und verschwindet anschließend hinter einer Verkleidung aus Gipskarton. (Foto: Pluggit)

Abb. 8.10: Luftauslass, bei dem die Luftrichtung mittels Schieber vorgegeben werden kann (Foto: Pluggit)

Nach Angaben des Testzentrums für Wohnungslüftungsgeräte in Dortmund gibt es bundesweit derzeit rund 80 Anbieter von Lüftungssystemen. Die Hersteller werben damit, dass ihre Technik Folgendes leistet:

- Energiekosten sparen
- durch frische Luft ein gesundes Wohnklima schaffen
- den Schallschutz erhöhen
- Feuchteschäden vermeiden
- Pollen, Schmutz und Insekten fernhalten
- Einbrechern die „Arbeit" erschweren

Kein Thema ist die Geräuschentwicklung der Anlagen: Schon der direkt am Gerät gemessene Schallpegel bleibt unter der für Schlafräume zugelassenen Norm, durch zusätzliche Schalldämpfer und Verkleidungen lässt sich das Geräusch praktisch unhörbar machen. Probleme gibt es nur, wenn die Querschnitte der Luftkanäle zu knapp bemessen werden und Luftgeschwindigkeiten über 4 m/s auftreten. Dann pfeift es durch zu hohe Strömungsgeschwindigkeiten wie in einem verkalkten Wasserhahn. D. h., die Anlage muss sorgfältig auf die benötigten Volumenströme ausgelegt sein.

Die Kosten für eine Wohnraumlüftung sind abhängig von der Art des Objekts und vom System, z. B. Aufputz- oder Unterputzmontage, zentrale Anlage oder dezentrale Einheiten. Die erzielte Heizenergieersparnis liegt je nach Haustyp und Dichtigkeit der Fugen und Fenster zwischen 50 % und 90 %. Die Anlagen amortisieren sich, abhängig vom Wohnobjekt, bei den momentanen Brennstoffkosten in 6 bis 12 Jahren.

Experten raten, nur Anlagen zu kaufen, deren Verhältnis von Stromeinsatz und zurückgewonnener Wärme mindestens 1 zu 5 pro Jahr beträgt. Zusätzliche elektrisch angetriebene kleine Wärmepumpen zur weiteren Abwärmenutzung sind dann sinnvoll, wenn das Verhältnis ihrer elektrischen Antriebsenergie zur durch sie gewonnenen Wärme mindestens 1 zu 3,5 bis 4 beträgt.

Für die Planung und Installation der Anlagen sind fundierte Fachkenntnisse und theoretisches Wissen erforderlich. Fragen Sie unbedingt nach Referenzobjekten und Erfahrungen der Bewohner, bevor Sie einen Auftrag erteilen. Besonders wichtig sind ein möglichst hoher Wärmerückgewinnungsgrad und guter Schall- und Brandschutz. Im Altbau ist die Umsetzung schwieriger und teurer. Außerdem funktioniert die Lüftungstechnik nur dann wie geplant, wenn das Gebäude ausreichend dicht ist. Dies sollte unbedingt vorher überprüft werden (Luftdichtheits- oder BlowerDoor-Test).

Gegenüberstellung der beiden Anlagentypen *Abluftanlage* und *zentrale Wohnungs-lüftung*:

Abluftanlage	Wohnungslüftungsanlage mit Wärme-rückgewinnung
Keine Wärmerückgewinnung	bis 90 % Wärmerückgewinnung mit sehr guten Wärmetauschern
kurzes Kanalsystem (nur Abluftstrang)	aufwendigeres Kanalsystem für Zu- und Abluft
Leistungsaufnahme 25 bis 50 W (ein Ventilator)	Leistungsaufnahme 50 bis 100 W (zwei Ventilatoren)
Stromverbrauch 220 bis 450 kWh (45 bis 95 € pro Jahr)	Stromverbrauch 450 bis 900 kWh (95 bis 190 € pro Jahr)
Kosten: 15 bis 20 € pro m² Wohnfläche	Kosten: 40 bis 60 € pro m² Wohnfläche

Beide Anlagentypen stellen hohe Ansprüche an die Luftdichtigkeit des Gebäudes; bei einem Druck von 50 Pascal darf die Luft im Haus höchstens 1,5-mal pro Stunde ausgetauscht werden (Blower-Door-Test). Die Anlagen müssen ein- bis zweimal im Jahr gewartet werden und bei beiden können Feinfilter eingebaut werden. Die Stromkosten können durch bedarfsgerechte Steuerung, z. B. durch Zeitschaltuhren oder Bewegungsmelder, gesenkt werden.

Erdwärmetauscher

Die Effizienz der zentralen Lüftungsanlage kann noch gesteigert werden, wenn ein Erdwärmetauscher in das System einbezogen wird. Dabei handelt es sich z. B. um ein langes Kunststoffrohr, das in 1,5 bis 3 m Tiefe im Boden verlegt wird. Ab einer Tiefe von etwa 1,5 m bleibt die Temperatur des Erdreichs in unserem Klima auch in längeren Frostperioden über dem Gefrierpunkt.
Im Winter wärmt der Luft-Erdwärmetauscher kalte Frischluft vor, im Sommer kühlt er warme Sommerluft. Aber Achtung: Schmutz im Rohrsystem kann dazu führen, dass darin Unterdruck herrscht und dann wird es gefährlich: Dann kann vermehrt radioaktives Radongas in die Wohnräume gelangen und sich dort anreichern. D. h., es sollte immer Überdruck im Rohrsystem herrschen. Das Rohrsystem muss in einem Gefälle von mindestens 2 % verlegt werden, der Untergrund ist gleichmäßig zu verdichten, damit es keine Senken für eine Wasseransammlung gibt. Zudem muss ein sicherer und kontrollierter Kondensatablauf im Keller eingebaut werden. Im Sommer können mehrere Liter Kondensat am Tag anfallen. Sickerschächte außen im Erdreich sind Radonquellen und nicht zu empfehlen.

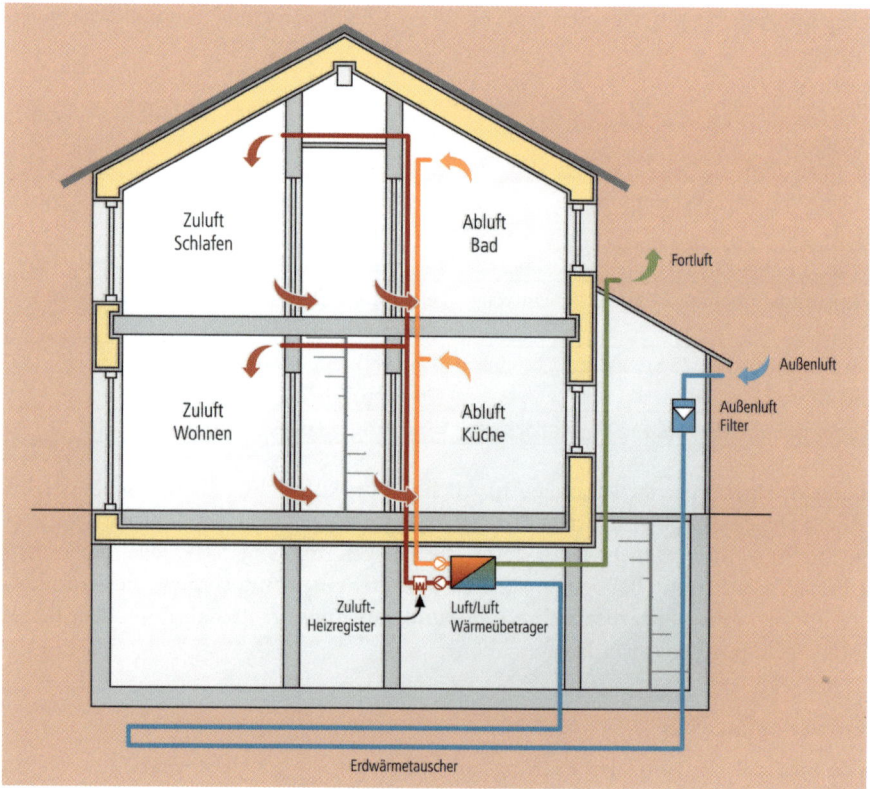

Zuluft
Schlafen

Abluft
Bad

Fortluft

Außenluft

Zuluft
Wohnen

Abluft
Küche

Außenluft
Filter

Zuluft-
Heizregister

Luft/Luft
Wärmeübetrager

Erdwärmetauscher

Abb. 8.11: Schema einer Lüftungsanlage mit Wärmerückgewinnung und Luft-Erdwärmetauscher (Grafik: Passivhaus-Institut)

Die Rohre müssen folgende Eigenschaften aufweisen:

- gute Wärmeübertragung der Rohrwandung
- geringer Strömungswiderstand
- hygienische Dauerhaftigkeit oder Selbstreinigungseffekt
- Druckstabilität, Längsteifigkeit
- innere und äußere Dichtigkeit
- Radondichtheit des Materials
- einfache Verarbeitung

Zum Zubehör gehören Außenlufthauben, Reinigungs- und Revisionsöffnungen,
Sammelanschlussstücke und Kondensatabläufe.

Neben den Luft-Erdwärmetauschern gibt es noch Sole-Erdwärmetauscher. Hierbei handelt es sich um indirekte Systeme, die ebenfalls in ausreichender Tiefe im Erdreich verlegt werden. Die Luft wird durch ein Gemisch aus Wasser und Frostschutzmittel geführt. Eine Pumpe befördert die sogenannte *Sole* zu einem Sole-Luft-Wärmetauscher, der vor dem Wärmetauscher im Lüftungsgerät in das Lüftungskanalnetz integriert ist. Somit gibt es keine Probleme mit Radon aus dem Erdreich. Die Rohre müssen mit gut wärmeleitfähigem Material umhüllt sein. Gefälle und Kondensatablauf sind hier nicht notwendig. Die Hydraulik macht das System, das aus Umwälzpumpe, Sicherheitsgruppe, Druckausgleichbehälter und Befüll- und Entleervorrichtung besteht, aufwendiger. Für die Sole-Umwälzpumpe gibt es temperaturgesteuerte Regler. Die Wärme- oder Kälteübertragung an die Luft erfolgt über ein in den Außenluftkanal eingebundenes Register. Hier anfallendes Kondensat wird über die vorhandene Kondensatleitung des Lüftungsgeräts abgeführt. Das Register muss zugänglich sein, z. B. über abnehmbare Seitenteile, damit es gereinigt werden kann.

Fazit: Mit irgendwelchen Rohren aus dem Baumarkt ist es nicht getan. Außerdem müssen Lüftungsanlage und Erdwärmetauscher einschließlich Steuerung aufeinander abgestimmt werden. Am Markt gibt es entsprechende Komplettpakete. Bei beiden Systemen ist eine fachgerechte Wanddurchführung in den Keller sicherzustellen.

Dezentrale Systeme

Dieser Anlagentyp lässt sich auch nachträglich relativ einfach und kostengünstig einbauen. Es gibt kompakte Systeme mit Wärmerückgewinnung, die in eine Öffnung in der Außenwand eingesetzt werden und keinen Platz im Innenraum beanspruchen. Ein Ventilator bläst die verbrauchte Luft nach außen. Dabei gibt die Abluft ihre Wärme an einen z. B. keramischen Wärmespeicher ab, der in der Außenwandöffnung eingelassen ist. Nach etwa einer Minute wechselt der Ventilator seine Drehrichtung und saugt frische Außenluft in den Raum. Diese Luft strömt über den Speicher und wird dabei erwärmt. Sehr gute Anlagen schaffen über 90 % Wärmerückgewinnung. Wenn in einem Raum zwei Systeme installiert sind, arbeiten sie im Gegentakt: Das eine System saugt Frischluft an, während das andere verbrauchte Luft nach außen bläst. Nach etwa einer Minute wechseln beide Systeme die Drehrichtung. Der Strombedarf für die Ventilatoren ist mit 2 bis 6 W sehr gering und sie arbeiten leise (19 dB(A)). Wichtig ist auch hier eine sorgfältige Planung der Systeme.

Bezugsquellen

Hersteller dezentraler Lüftungssysteme mit Wärmerückgewinnung sind z. B. Inventer (*www.inventer.de*), LTM Thermolüfter (*www.ltm.biz*) und Meltem (*www.meltem.com*).

Richtiges Sommerlüften

Wenn es draußen warm ist, öffnen viele in der Annahme die Fenster, dass die Luft in der Wohnung dann weniger stickig ist – ein Trugschluss. Die Räume heizen sich weiter auf und kühlen nachts nicht richtig ab. Das kann auch bei einer eingebauten Lüftungsanlage passieren, die tagsüber auf „Sommerbetrieb" eingestellt wird, wenn dadurch die Wärmerückgewinnung ausgeschaltet wird. Dann heizt die wärmere Außenluft allmählich die Wände und Möbel auf. Wenn die Wärmerückgewinnung am Tag eingeschaltet wird, bleibt die Wärme besser draußen. Nur in der Nacht, oder wenn die Außenluft kühler ist als die Innenluft, ist es ratsam, die Anlage auf „Sommerbetrieb" umzuschalten, wenn man die Innenräume kühlen will. Dann ist es auch sinnvoll, zusätzlich die Fenster zu öffnen, da dann wesentlich höhere Luftströme das Kühlen beschleunigen. Besonders in der Mittagszeit sollten Fensterflächen, Südverglasungen und Dachflächenfenster abschattbar sein, z. B. durch Herunterlassen äußerer Rollläden.

Radon

Durch die kontrollierte Lüftung mit Zu- und Abluftführung kann die Konzentration radioaktiven Radons in Innenräumen wesentlich reduziert werden. Auf den Internetportalen *www.bfs.de* und *www.radon-info.de* finden Sie eine Karte, die Auskunft über die Radonbelastung in Deutschland gibt. Die Belastung der Bodenluft gibt an, wie viel Radon vom Untergrund in ein Gebäude eintreten kann. Bei einer Aktivitätskonzentration von 100 kBq/m³ (Kilo-Becquerel pro Kubikmeter Luft) können in 10 % bis 50 % der Gebäude über 100 Bq/m³ in erdnahen Aufenthaltsräumen vorkommen.

Becquerel (Bq)

Physikalische Einheit der Radioaktivität; bei 100 Bq/m³ zerfallen darin 100 Atome pro Sekunde.

Die Karte zeigt, in welchen Regionen erhöhte Radonkonzentrationen in der Raumluft wahrscheinlich sind. Sie gibt allerdings nur grobe Anhaltspunkte, denn die Konzentration des radioaktiven Edelgases im Boden kann sich auch kleinräumig ändern. Ein schlechter baulicher Zustand des Gebäudes, z. B. mit Rissen in Kellermauern und Bodenplatten, begünstigt das Auftreten hoher Radonkonzentrationen im Inneren.

Deshalb lassen nur Messungen im Haus eine sichere Bewertung der Belastung zu. In Gebieten mit Radonkonzentrationen unter 20 kBq/m³ in der Bodenluft reichen die üblichen Maßnahmen gegen Bodenfeuchte in der Regel für einen ausreichenden Schutz vor erhöhter Radonbelastung im Haus. Z. B. sollten Rohrdurchführungen unter Erdniveau besonders dicht sein.

8.2.3   Wartung

Die Außenluft- und Abluftdurchlässe und das Lüfterrad von Abluftanlagen werden üblicherweise alle sechs Monate gereinigt. Das können Sie gut selbst machen. Auch die Filter sind zu reinigen oder auszutauschen.
Der Frischluftkanal von Zu- und Abluftanlagen muss immer in hygienisch einwandfreiem Zustand sein, damit die Bewohner keine gesundheitlichen Probleme bekommen. Deshalb wird in der Regel alle 3 bis 6 Monate eine Wartung empfohlen.

Anlagentypen

Technik und Einsatzmöglichkeiten der kontrollierten Wohnungslüftung:

Einzelraumlüftung mit Wärmerückgewinnung
Über eine Wanddurchführung strömt gefilterte Frischluft in das Gerät, über eine zweite gelangt die verbrauchte Luft nach außen. Dabei wird der Fortluft ungefähr 90 % der Wärmeenergie entzogen, um die Frischluft vorzuwärmen. Dieser Anlagentyp ist auch für Altbauten geeignet.

Zentrale Abluftanlage
Die verbrauchte Luft wird abgesaugt, die Zuluft strömt über mehrere Außenluftöffnungen in die Schlaf- und Wohnräume, keine Wärmerückgewinnung.

Zu- und Abluftanlage ohne Wärmerückgewinnung
Sie saugt verbrauchte Luft ab und führt auch die Zuluft den einzelnen Räumen über ein Kanalsystem zu. Dieser Anlagentyp ist ausreichend für Niedrigenergiebauten, für Passivhäuser jedoch nicht.   ▶

Zu- und Abluftanlage mit Wärmerückgewinnung

Ein Wärmetauscher temperiert die Zuluft mit der Wärme der Abluft vor. Kreuzstromwärmetauscher haben einen Temperaturwirkungsgrad von rund 60 %. D. h., sie erwärmen 0 °C kalte Außenluft mit 20 °C warmer Abluft auf noch recht kühle 12 °C. Deshalb bietet es sich an, zusätzlich eine Nacherwärmung oder Wärmepumpe einzubauen, um die Frischlufttemperatur anzuheben.

Lüftungskompaktgerät

Eine Kleinwärmepumpe kühlt die Abluft unter die Zulufttemperatur und entzieht ihr dabei die gesamte nutzbare Wärme. Das reicht in Passivhäusern im Idealfall für die gesamte Wärmeversorgung, für Heizung und Warmwasser.

Das Europäische Testzentrum für Wohnungslüftungsgeräte (TZWL) in Dortmund veröffentlicht in unregelmäßigen Abständen Mitteilungen über Wohnungslüftungsgeräte. Das Bulletin enthält die unter einheitlichen Bedingungen gemessenen Daten aller in Deutschland angebotenen Geräte mit und ohne Wärmerückgewinnung – sofern der Hersteller der Veröffentlichung zugestimmt hat.

Messdaten wie Wärmerückgewinnungsgrad, elektrisches Wirkungsverhältnis und Primärenergie-Einsparung helfen bei der Auswahl eines Geräts für den gewünschten Einsatzbereich. Ein elektrisches Wirkverhältnis von über 15 ist heute technisch machbar. D. h., je eingesetzter Kilowattstunde an elektrischer Energie gewinnt das Gerät mehr als 15 kWh Wärme zurück.

Weitere Informationen:

Europäisches Testzentrum für Wohnungslüftungsgeräte, Dortmund,

Telefon: 0231 53477-0, Internet: *www.tzwl.de*

Verband für Wohnungslüftung e. V. (VfW), Celle,

Telefon: 05141 214511, Internet: *www.wohnungslueftung-ev.de*

8.2.4   Solarthermische Kühlung

In vielen Bürogebäuden wird für die Klimatisierung bereits mehr Primärenergie verbraucht als für die Heizung. Meistens sorgen elektrisch betriebene Kompressions-
kältemaschinen für Abkühlung. Da diese ihren höchsten Stromverbrauch zur Spit-
zenlastzeit im Sommer haben, führt das in Europa regelmäßig zur Überlastung von
Stromnetzen.

Wesentlich energieeffizienter ist es, die Abwärme von Blockheizkraftwerken oder die
Wärme solarthermischer Anlagen als Antrieb von Kältemaschinen zu nutzen. Prak-
tischerweise bestehen Kältebedarf und starke Sonneneinstrahlung häufig gleichzeitig. Der Energiebedarf von Kältemaschinen mit thermischem Verdichter wird bis zu
98 % aus Sonnenenergie gedeckt.

Wenn einer sogenannten Absorptionskältemaschine warmes Wasser zugeführt wird,
reicht das aus, um in einem geschlossenen Kältemittelkreis bei niedrigem Druck
Wasser oder Ammoniak zu verdampfen. Das von außen kommende Wasser kühlt
dadurch ab und kann dann zur Kühlung genutzt werden. Anschließend kondensiert
der Wasserdampf im Kältemittelkreis an anderer Stelle wieder und der Vorgang kann
von Neuem beginnen.

In großen Anlagen funktioniert das schon sehr gut, bei kleinen Anlagen unter 10 kW,
die z. B. genug Kühlleistung für ein Einfamilienhaus liefern, besteht teilweise noch
Entwicklungsbedarf. Hersteller wie Schüco und SolarNext bieten schon Absorp-
tionskühlgeräte im unteren Leistungsbereich an. Die Firma Phönix Sonnenwärme
AG aus Berlin führt noch Feldtests mit einer 10-kW-Lithiumbromidanlage durch.

Pro Kilowatt Kälteleistung kosten Anlagen zur solaren Kühlung heute zwischen 5.000
und 8.000 €. Dabei ist die solarthermische Anlage ein bedeutender Kostenfaktor.
Experten gehen davon aus, dass mit zunehmenden Stückzahlen diese Kosten auf
3.000 bis 4.500 € sinken werden. Doch damit ist es noch nicht getan – es fallen noch
Betriebskosten für Wasseraufbereitung, Wartung und den Stromverbrauch der Käl-
temaschine an.

Abb. 8.12: Diese Ammoniak-Wasser-Absorptionskältemaschine kann mit dem Arbeitsmittel Ammoniak Temperaturen unter dem Gefrierpunkt von Wasser erzielen. (Foto: SolarNext)

Kühlen allein reicht nicht. Genauso wichtig ist es, die Luft zu entfeuchten. Die sorptionsgestützte Klimatisierung ist ein Verfahren, bei dem Entfeuchtung und Kühlung getrennt sind: Die warme und feuchte Außenluft wird zunächst in der Absorptionseinheit an Füllkörpern vorbeigeführt, die mit konzentrierter Salzlösung benetzt sind. Dort gibt sie Wasser an die Sole ab. Anschließend wird die so entfeuchtete Luft in der Zentraleinheit abgekühlt und als Zuluft in das Gebäude geführt. Deshalb sind beim Kühlen mit Solarwärme Salztanks und entsprechend Platz erforderlich.

8.3   Fogging

Wenn sich die Wände kurz nach der Renovierung schwarz färben, muss es sich nicht um Schimmel oder Rußablagerungen handeln. Seit einigen Jahren tritt *Fogging* oder *Shading* verstärkt in deutschen Wohnungen auf: In der Heizperiode ist dann an den Innenseiten der Außenwände und Decken ein schwarzgrauer, schmieriger Film zu sehen. Auch Möbel und Gardinen sind damit überzogen.

Das Umweltbundesamt hat festgestellt:

- Die Schwärzungen sind fast ausschließlich in der Heizperiode zu beobachten.
- Sie treten meist wenige Wochen oder sogar Tage nach Renovierungen auf.
- Häufig verschwinden die Ablagerungen im Sommer und kommen im Winter wieder.
- Sie befinden sich immer im Bereich eines warmen Luftstroms.
- Die Ursachen sind Baufehler und falsch ausgewählte Materialien.
- Die schmierigen Filme können die Gesundheit der Bewohner gefährden.

Der Begriff „Fogging" stammt aus der Autoindustrie. Ausgasende Weichmacher aus zahlreichen Kunststoffteilen verursachten besonders im Sommer milchige Niederschläge an den Fenstern von Neuwagen. Diese flüchtigen Weichmacher sind auch für die schwarzen Wände in Wohnungen verantwortlich. Sie stammen aus PVC-Bodenbelägen, Vinyltapeten, Kunststoffmöbeln und aus Lacken oder Klebern. Selbst Naturprodukte wie Linoleum können schwerflüchtige organische Verbindungen (SVOC) enthalten. Bei vielen Produkten sind diese Weichmacher, die bei Neuware besonders stark ausgasen, sogar riechbar.

Vermeiden Sie Materialien mit hohen Weichmacheranteilen, wenn Sie Ihr Haus oder Ihre Wohnung renovieren, denn sie sind gesundheitlich bedenklich. Diese Stoffe reichern sich im menschlichen Körper an und haben wahrscheinlich eine negative Wirkung auf das Hormonsystem.

Auf der Packung müssen Weichmacher nicht deklariert werden, aber es gibt einschlägige Tests, z. B. von Öko-Test. Die Tester empfehlen, großflächig verlegte Problemprodukte zu entfernen, wenn der Fogging-Effekt aufgetreten ist. Durch verstärktes Lüften im Sommer kann der Weichmacheranteil dieser Produkte durch beschleunigte Ausgasung eventuell so weit herabgesetzt werden, dass kein Fogging-Effekt mehr sichtbar ist.

9 Anhang

9.1 Glossar

Begriff und Erklärung

Aktor
Setzt die Signale eines Reglers in eine andersartige Größe um, wandelt Strom z. B. in Bewegung, Drehmoment oder Licht um; Beispiel: Öffnen oder Schließen eines Ventils

Alternative / Erneuerbare / Regenerative Energien
Energie, die die Sonne dauerhaft liefert: direkt als Strahlungsenergie, indirekt als Wind- und Wasserkraft, im Boden gespeicherte Wärme oder den Energieinhalt nachwachsender Rohstoffe, Ausnahme: geothermische Energie

Außenwand-Luftdurchlass
Öffnung in der Außenwand oder im Fenster für den Luftwechsel

Blockheizkraftwerk (BHKW)
Motorbetriebenes kompaktes Kraftwerk, das Strom und Wärme erzeugt

Blower-Door-Test
Dient zu Untersuchung der Luftdichtheit eines Gebäudes

Bundesimmisionsschutzverordnung (BImSchv)
Staatliche Verordnung für Kleinfeuerungsanlagen, legt Grenzwerte für Stickoxide und Abgasverluste fest

Brennwertkessel
Heizkessel, der die im Abgas enthaltene Wärme durch Kondensation des darin enthaltenen Wasserdampfs nutzbar macht

CE-Zeichen
Gibt an, dass ein Produkt die europäischen Herstellungsnormen erfüllt, sagt nichts über dessen Qualität

CO_2
Kohlendioxid ist ein farb- und geruchloses Gas, das bei der Verbrennung

entsteht und maßgeblich zu Treibhauseffekt und Klimaveränderung beiträgt

CO_2-Emission
Bei der Verbrennung entstehendes Kohlendioxid

Diffuse Strahlung
Ungerichtetes Sonnenlicht, gestreut durch Wolken oder Partikel

Direkte Strahlung
Gerichtetes Licht, das ohne Streuung direkt auf die Erdoberfläche trifft

Energie-Einsparverordnung (EnEV)
Staatliche Vorschriften über energiesparenden Wärmeschutz und Anlagentechnik, aktuell gültig seit 1.10.2009: EnEV 2009, gegenüber der Version EnEV 2007 wurden die Obergrenzen für den zulässigen Jahres-Primärenergieverbrauch um 30 % abgesenkt.

Erneuerbare-Energien-Gesetz
Das EEG schreibt als Bundesgesetz Mindestvergütungen und Anschlussbedingungen für die Stromeinspeisung in das öffentliche Stromverbundnetz vor

Gebäude-Energiepass
Dokument, das den Energieverbrauch eines Gebäudes bewertet

Globalstrahlung
Summe aus direkter Sonneneinstrahlung und diffusem Tageslicht

Hydraulischer Abgleich
Maßnahmen zur gleichmäßigen Durchströmung aller Heizkreise

Kollektor/Sonnenkollektor
Bauelement in Solaranlagen, das Sonnenenergie in Wärme umwandelt

Konstanttemperaturkessel/ Standardheizkessel
Alter Heizkessel mit überholter Technik, der mit konstant hohen Kesseltemperaturen, hohen Abstrahlverlusten und schlechtem Nutzungsgrad arbeitet

Kraft-Wärme-Kopplung
Gleichzeitiges Erzeugen von Strom und Heizwärme

Luftwechsel
Austausch verbrauchter Innenluft gegen frische Außenluft, Maßeinheit ist der ausgetauschte Raumluftanteil pro Stunde

Niedertemperaturkessel
Heizkessel, der mit abgesenkter oder gleitender Kesselwassertemperatur arbeitet, dadurch geringe Abgas- und Bereitschaftsverluste

Selektive Beschichtung
Schwarze Oberfläche in Sonnenkollektoren, die Sonnenlicht gut absorbiert und wenig Wärme abstrahlt (geringe Wärmeverluste)

Solarthermie
Nutzen der solaren Strahlungswärme für Heizung und Warmwasser

Thermostatventil
Heizkörperventil zur thermostatischen Regelung der Raumtemperatur

Transparente Wärmedämmung
Lichtdurchlässiges Material, das Energie durch Sonnenlicht gewinnt und Wärmeverluste reduziert

Wärmemengenzähler
Gerät zur Messung der Wärmeenergie von Flüssigkeiten

Wärmepumpe
Gerät, das der Umgebung Wärme entzieht und zur Raumheizung nutzt

Wärmerückgewinnung
Zurückhalten der in Abluft oder Abwasser enthaltenen Abwärme

Zirkulationsleitung
Rohrleitung, in der das Warmwasser umgewälzt wird: ist bei langen Leitungswegen erforderlich, damit an den Zapfstellen sofort warmes Wasser verfügbar ist

9.2   Fördermittel allgemein

Wie funktioniert die Förderung?

Wenn Sie einzelne energetische Modernisierungsmaßnahmen in Ihrem Haus planen, wie zum Beispiel

- den Austausch eines alten Heizkessels durch einen modernen Niedertemperatur- oder Brennwertkessel

- die Verbesserung des Wärmeschutzes des Gebäudes
- die Anschaffung einer Solaranlage

erhalten Sie aus dem KfW-Programm zur CO_2-Minderung eine zinsgünstige Finanzierung. Entscheiden Sie sich für eine umfassende Modernisierung, können Sie, für
ein Paket von mehreren Maßnahmen das noch zinsgünstigere KfW-CO_2-Gebäude-
sanierungsprogramm in Anspruch nehmen.
Ein *Spezialfall* ist die Förderung von Wärmepumpenanlagen, mehr dazu finden Sie
im folgenden Abschnitt.

Wo beantragen Sie die Förderung?

Die KfW-Förderung beantragen Sie direkt bei Ihrer Hausbank, die erforderlichen
Formulare liegen dort bereit. Die BAFA-Förderung können Sie beim Bundesamt für
Wirtschaft und Ausfuhrkontrolle beantragen (siehe Adressenliste unten). Bei diesen
Institutionen erfahren Sie auch, was aktuell in welchem Umfang gefördert wird und
wie genau die Konditionen sind. Besonders wichtig:
Eine nachträgliche Finanzierung ist nicht möglich. Beginnen Sie die Modernisie-
rungsmaßnahme daher nicht vor der Bewilligung der Fördermittel.

9.3   Fördermittel für Wärmepumpen

Unter welchen Voraussetzungen wird eine Wärmepumpe gefördert?

Der Bund fördert effiziente Wärmepumpen, die sowohl Raumwärme als auch das
Warmwasser eines Gebäudes bereitstellen. Ob und in welcher Höhe gefördert wird,
hängt stark von der Jahresarbeitszahl der Wärmepumpe ab. Bei der Antragsstellung
müssen Sie in Form einer Fachunternehmererklärung nachweisen, dass Ihre Anlage
die geforderte Jahresarbeitszahl erreicht.
Elektrisch angetriebene Erdreich- und Grundwasserwärmepumpen (Sole/Wasser
oder Wasser/Wasser) müssen in der Praxis im Neubau mindestens eine JAZ von 4,0
oder 3,7 im Bestand erreichen, Luftwärmepumpen im Neubau mindestens eine JAZ
von 3,5 oder 3,3 im Bestand.
Gasmotorisch angetriebene Wärmepumpen werden gefördert, wenn sie mindestens
eine Jahresarbeitszahl von 1,2 erreichen.
Wenn Ihre Wärmepumpenheizung die Mindest-Jahresarbeitszahl nicht erreicht,
müssen Sie bereits gezahlte Fördergelder später möglicherweise zurückzahlen.
Darüber hinaus muss der Fachunternehmer bestätigen, dass er den hydraulischen
Abgleich der Anlage durchgeführt und die Heizkurve der Heizungsanlage an das entsprechende Gebäude angepasst hat.

Außerdem müssen Sie zur Bestimmung der Jahresarbeitszahl bei einer elektrisch angetriebenen Wärmepumpe einen Strom- und Wärmemengenzähler einbauen (gemäß VDI 4650). Bei Wärmepumpen, die durch einen Gasmotor angetrieben werden, ist ein Gas- und Wärmemengenzähler einzubauen.

Wo beantragen Sie diese Förderung?

Die Förderung können Sie beim Bundesamt für Wirtschaft und Ausfuhrkontrolle (BAFA) in Eschborn beantragen (siehe Adressenliste unten). Dort erfahren Sie auch, was aktuell in welchem Umfang gefördert wird und wie die genauen Konditionen sind.
Der Antrag ist innerhalb von 6 Monaten „nach Herstellung der Betriebsbereitschaft" der Wärmepumpenanlage zu stellen.

Welche Unterlagen sind einzureichen?

Das Amt bearbeitet Anträge nur dann, wenn Sie folgende Unterlagen einreichen:

- Förderantrag auf vorgeschriebenem Formular
- Fachunternehmererklärung auf vorgeschriebenem Formular
- Kopie der Rechnung
- Nachweis der Wohn- und Nutzfläche (Wohnflächenberechnung oder Grundrisspläne oder Kaufvertrag)

9.4   Adressen und Internetportale

Bund der Energieverbraucher, 53572 Unkel
www.energienetz.de

- Beratung rund um die Themen Energieverbrauch und -erzeugung
- Erneuerbare Energien
- Förderungen
- Stromtarifrechner

Bundesamt für Wirtschaft und Ausfuhrkontrolle, 65760 Eschborn
www.bafa.de

- Energiesparberatung, Beraterliste

Deutsche Energie-Agentur, 10115 Berlin
www.dena.de

- Modernisierungsratgeber
- Broschüren zum Themenbereich erneuerbare Energie

Deutsches Energieberaternetzwerk e. V., 60314 Frankfurt am Main
www.den-ev.de

- Vermittlung eines Energieberaters aus Ihrer Region

Energieagentur Nordrhein-Westfalen, 42104 Wuppertal
www.energieagentur-nrw.de

- Broschüren
- Förderprogramme
- Gebäude-Check Energie, Gebäude modernisieren, Seminare
- Solar-Check NRW

Energievorräte und Statistiken
www.energywatchgroup.org
BP Statistic Review of World Energy 2007
IEA World Energy Outlook 2006
Internationale Atomenergie Agentur IAEA 2007
EWG-Erdölstudie/Ludwig-Bölkow-Systemtechnik GmbH 2007
Bundesanstalt für Geowissenschaften und Rohstoffe BGR

KfW-Förderbank (Kreditanstalt für Wiederaufbau), 60352 Frankfurt am Main
www.kfw.de

- Zinsgünstige Kredite für die Gebäudesanierung

Mein Haus spart, Gemeinschaftsaktion Gebäudesanierung NRW
www.mein-haus-spart.de

- Beratung
- Broschüren und Fachinformationen
- Musterprojekte

Institut für Solartechnik SPF, CH-8640 Rapperswil
www.polysun.ch

- Simulationsprogramme, Profi- und Testversionen

Solarenergie Informations- und Demonstrationszentrum, 90765 Fürth
www.solid.de

- Beratung zu Photovoltaik und Solarthermie

Solarserver
www.solarserver.de

- Internetportal mit vielen Informationen zum Thema Sonnenenergie

Sonnenhaus-Institut, 94315 Straubing
www.sonnenhaus-institut.de

- Informationen zu weitestgehend solar beheizten Gebäuden

Weitere Links zu solar beheizten Gebäuden:
www.jenni.ch, www.solar-partner.de, www.solarhaus-info.de, www.energetikhaus100. de, www.solarverein-trier.de

Verbraucherzentrale Nordrhein-Westfalen
www.altbauwissen.nrw.de

- Sanierungslexikon
- Kommunikationsplattform zum Thema energetisches und ökologisches Gebäu-
desanieren

Index